浙江省普通高校"十三五"新形态教材

高等职业教育园林园艺类专业系列教材

花卉栽培技术

主　编　张金炜　张椿芳

副主编　何月秋

参　编　姜自红　吕乐燕

U0280486

机 械 工 业 出 版 社

本书由 5 个项目组成，系统介绍了花卉栽培基础知识、花卉繁殖技术、花坛花卉栽培技术、优质盆花栽培技术、切花栽培技术。根据编者多年实际教学经验、行业专家及企业技术骨干的从业经验，本书从理论教学、实践技能训练、综合素质培养等方面入手，以文字材料、视频素材、图片等多种形式加以呈现，通过思考题、随堂练习、实训手册等多角度巩固、检验学习效果。本书可作为高职高专园艺技术及相关专业学习用书，同时也可作为园艺单位技术人员、园林工绿化工考证及相关岗位培训学习参考书。

图书在版编目（CIP）数据

花卉栽培技术 / 张金炜，张椿芳主编. —北京：机械工业出版社，2023.10

高等职业教育园林园艺类专业系列教材

ISBN 978-7-111-73747-6

Ⅰ. ①花… Ⅱ. ①张… ②张… Ⅲ. ①花卉 – 观赏园艺 – 高等职业教育 – 教材 Ⅳ. ①S68

中国国家版本馆CIP数据核字（2023）第161491号

机械工业出版社（北京市百万庄大街22号 邮政编码100037）
策划编辑：王靖辉　　　　　　　　责任编辑：王靖辉 陈紫青
责任校对：李 婷 李 杉　　　　 封面设计：马精明
责任印制：刘 媛
涿州市般润文化传播有限公司印刷
2024 年 1 月第 1 版第 1 次印刷
210mm × 285mm · 12.5印张 · 314千字
标准书号：ISBN 978-7-111-73747-6
定价：54.00 元

电话服务　　　　　　　　网络服务
客服电话：010-88361066　机 工 官 网：www.cmpbook.com
　　　　　010-88379833　机 工 官 博：weibo.com/cmp1952
　　　　　010-68326294　金 书 网：www.golden-book.com
封底无防伪标均为盗版　机工教育服务网：www.cmpedu.com

教育、科技、人才是全面建设社会主义现代化国家的基础性、战略性支撑。必须坚持科技是第一生产力、人才是第一资源、创新是第一动力，深入实施科教兴国战略，强化现代化建设人才支撑。随着人民生活水平的提高，环保理念广泛深入人心，绿水青山就是金山银山，生态环境保护发生历史性、转折性、全局性变化，这为园艺行业的蓬勃发展提供了千载难逢的契机，同时也为园艺行业从业者提出了更高的要求。为行业培养高质量、高素质人才成为高校教育的重大任务。

本书是在浙江省深入推进高校教育信息化，促进"互联网＋教育"背景下，在宁波城市职业技术学院大力支持新形态教材建设的推动下，根据技术领域和职业岗位（群）的任职要求，参照相关的职业资格标准，改革课程体系和教学内容而编写的。本书具有如下特点：

第一，本书是教材和课堂的结合体。教材与在线课程资源共享，除了传统的文字材料外，增加了讲课视频、动画、随堂练习，通过扫描二维码的形式随时可以学习、测验。

第二，本书结构合理，内容丰富。包含了知识点、技能点、思考题、随堂练习、项目小结、实训手册等，充分满足课前、课中、课后的需求。

第三，本书编写坚持"产教融合、科教融汇"。编写中，加强同企业合作，调研企业人才需求，分析人才岗位，确定岗位职业能力，有针对性地选取教材内容。

第四，在编写过程中，力求突出以工作中的具体项目和任务的完成为主线，突出花卉现代化栽培技术的特色，做到概念简要、图表实用，并收集了大量新工艺、新技术。

本书由宁波城市职业技术学院张金炜、张椿芳任主编，参加编写的人员有何月秋、姜自红、吕乐燕，全书由张金炜统稿。另外，浙江虹越花卉股份有限公司刘长春、张少华、施佳敏等也参与了部分教学视频的录制，并提供了很多来自生产第一线的资料和素材。本书在编写过程中还得到了浙江省教育厅、浙江省农林教指委、宁波城市职业技术学院各级领导的大力支持，对此表示由衷感谢！

由于编者水平有限，疏漏和不妥之处在所难免，恳请各位专家同仁批评指正。

编　者

二维码视频列表

序号	名称	图形	页码	序号	名称	图形	页码
1	温度、光照管理		15	8	园艺资材		75
2	水分、肥料管理		17	9	换盆		78
3	花坛花卉育苗之一：种子育苗技术		22	10	室内观叶植物概述		93
4	扦插繁殖技术		24	11	球根花卉概述及常见种类介绍		97
5	花坛花卉育苗之二：穴盘苗的管理		50	12	球根花卉的种植养护		100
6	穴盘苗上盆及养护之一：上盆		59	13	水仙雕刻水养之一：蟹爪水仙雕刻讲解		111
7	穴盘苗上盆及养护之二：养护		60	14	水仙雕刻		112

（续）

序号	名称	图形	页码	序号	名称	图形	页码
15	水仙雕刻水养之二：养护		113	22	铁线莲绑扎及养护技术		131
16	月季分类及养护		115	23	绿萝吊盆一次性扦插成型		136
17	生长期修剪1		117	24	多肉植物的繁殖		142
18	生长期修剪2		117	25	多肉的扦插繁殖		142
19	休眠期修剪		117	26	多肉植物的养护		143
20	无花果盆栽技术		122	27	多肉植物换盆		144
21	铁线莲的换盆技术		131				

目录 CONTENTS

前言

二维码视频列表

项目 1 花卉栽培基础知识 / 1

    任务 1 花卉概述及分类 / 1

    任务 2 花圃建立 / 4

    任务 3 栽培环境管理 / 12

项目 2 花卉繁殖技术 / 21

    任务 1 有性繁殖技术 / 21

    任务 2 无性繁殖技术 / 24

项目 3 花坛花卉栽培技术 / 35

    任务 1 花坛花卉概述 / 35

    任务 2 常见花坛花卉育苗技术 / 46

    任务 3 穴盘苗上盆及养护技术 / 59

项目 4 优质盆花栽培技术 / 75

    任务 1 盆花栽培概述 / 75

    任务 2 宿根花卉盆栽技术 / 82

    任务 3 球根花卉盆栽技术 / 97

    任务 4 木本花卉盆栽技术 / 115

    任务 5 藤蔓花卉盆栽技术 / 127

    任务 6 多肉花卉盆栽技术 / 142

项目 5 切花栽培技术 / 151

    任务 1 切花栽培概述 / 151

    任务 2 切花百合栽培技术 / 157

    任务 3 切花非洲菊栽培技术 / 164

参考文献 / 170

项目1
花卉栽培基础知识

任务 1　花卉概述及分类

👆 主要内容

一、花卉概念

【思考题】

"花"是什么？"卉"是什么？什么样的植物能称为"花卉"？

花是植物的繁殖器官，卉是草的总称。狭义的花卉仅指具有观赏价值的草本植物，如鸡冠花、一串红、石竹、萱草、太阳花等；广义的花卉除了指有观赏价值的草本植物以外，还包括有观赏价值的灌木、乔木、藤本、草坪和地被植物，如三角梅、月季、绣球、幸福树、龙血树、风车茉莉、紫藤、黑麦草、白三叶、酢浆草等。因此，凡是具有观赏价值的植物，都可以称为花卉。

花坛花通常包括三大类：第一类为一年生植物，第二类为二年生植物，第三类为多年生植物。它们的不同点为：一年生植物不需要低温就能开花，且一个生命周期仅3~8个月；二年生植物的生命周期与一年生植物差不多，但通常需要经过低温后才能开花，因跨年故又称为越年生植物。以上两类的适应性很广，一般不会成为栽培生产的制约因素。多年生植物能多年生存，但有些种类每年冬季因为寒冷，地上部分死亡，而地下部分仍存活，于第二年春抽出新芽，长成新的植株。多年生植物有较强的地域适应性要求，栽培生产时务请注意。以种子繁殖的花卉而言，由于育种技术的进步，一年生花卉和二年生花卉区别已不明显，所以在实际栽培中，一年生花卉与二年生花卉往往统称为一、二年生花卉。

【思考题】

根据上述概念，说说你喜欢的花卉有哪些？喜欢的理由是什么？

二、花卉的分类

【思考题】

市场上林林总总的花卉，彼此之间有共性吗？还是只有差异性？

花卉同其他作物相比，具有种类多、分布广、习性多样、栽培方式和用途多样化的特点。人们根据需要从不同角度对花卉进行了分类，每种分类方式均有其各自实用的优点，同时也有不足之处，在参考时根据具体需要选择。下面从花卉栽培的角度出发介绍几种常用的分类方式。

（一）按栽培方式分类

1. 露地花卉

在自然条件下，在露地完成其整个生命周期的花卉，如鸡冠花、三色堇、羽衣甘蓝等。

2. 温室花卉

原产于热带、亚热带及南方温暖地区的花卉，在北方寒冷地区栽培必须在温室内培育，或冬季须在温室内保护越冬。温室花卉的概念需考虑地域、地区气候的不同。如我国北方的某些温室花卉到了南方则成了露地花卉。

（二）按生物学特性分类

1. 一年生花卉

在一年内完成其生长、发育、开花、结实直至死亡的生命周期，即春天播种、夏秋开花、结实，后枯死，故又称为春播花卉。如鸡冠花、波斯菊、百日草、万寿菊、茑萝、千日红、麦秆菊、一串红、半支莲等。

2. 二年生花卉

在两年内完成其生长、发育、开花、结实直至死亡的生命周期，即秋天播种、幼苗越冬、翌年春夏开花、结实，后枯死，故又称为秋播花卉。如金鱼草、三色堇、桂竹香、羽衣甘蓝、金盏菊、雏菊、风铃草、须苞石竹、矮雪轮、矢车菊等。

3. 多年生花卉

多年生花卉是指地下茎和根连年生长，地上部分多次开花、结实，即其个体寿命超过两年的花卉。根据其地下部分的形态不同，多年生花卉可分为宿根花卉和球根花卉两类。

（1）宿根花卉　地下部分的形态正常，不发生变态现象；地上部分表现出一年生或多年生性状，如菊花、萱草、沿阶草、桔梗、西洋蓍、鸢尾等。

（2）球根花卉　地下部分的根或茎发生变态，肥大呈球状或块状等。因其形态不同，又可分为以下 5 类。

1）鳞茎类。地下茎极度短缩成鳞茎盘，其上着生肉质鳞叶。如郁金香、风信子、百合、朱顶红等。

2）球茎类。地下茎球形或扁球形的实心球体，外被革质外皮，质地坚硬，顶部有肥大顶芽，侧芽不发达。如唐菖蒲、仙客来、小苍兰等。

3）块茎类。地下茎呈不规则的块状或条状，新芽着生在块茎的芽眼上，须根着生无规律。如马蹄莲、大岩桐、花叶芋等。

4）根茎类。地下茎肥大呈根状，肉质有分枝，具明显的节，每节有侧芽和根，每个分枝的顶端为生长点，须根自节部长出。如美人蕉、姜花、荷花等。

5）块根类。主根膨大呈块状，外有革质厚皮，新芽着生在根颈部，根系从块根的末端长出。如大丽花、花毛茛等。

4. 兰科花卉

按生物学特性应该属于宿根花卉，但因种类多，栽培中有独特要求，因此将其单独列出。依其生态习性不同，又可分为以下两类。

（1）地生兰类　多数原产于我国亚热带及暖温带地区。如春兰、蕙兰、建兰、墨兰、寒兰等。

（2）附生兰类　多数原产于热带雨林，植株呈攀援状，多有气生根，附着在其他物体上生长。如蝴蝶兰、石斛、兜兰、卡特兰等。

5. 多浆花卉

多浆花卉是指茎叶具有特殊贮水能力，呈肥厚多汁变态的花卉，能耐干旱。如仙人掌、蟹爪兰、昙花、芦荟、生石花、龙舌兰等。

6. 水生花卉

按生物学特性多数为宿根花卉或球根花卉，但由于生长在沼泽地或水中，极耐水湿，在栽培技术上有明显的独特性，因此将其单独列出。如荷花、萍蓬草、菖蒲、凤眼莲、睡莲、黄菖蒲等。

7. 木本花卉

茎干木质化，具有较高观赏价值的花木类。如杜鹃、绣球、月季、山茶、茉莉、栀子等。

（三）按商品用途分类

1. 花坛类花卉

花坛类花卉是园林绿化中非常重要的一个类型，主要用于花坛、花台、花池等绿地绿化、美化。其栽培对象主要是一、二年生花卉和宿根、球根花卉。栽培上主要通过穴盘育苗、营养钵养苗达到出圃要求后运输到应用场所种植。

2. 优质盆花类

优质盆花类是花卉栽培中占比很大的一类，主要用于室内室外的摆放装饰，其栽培对象主要包括观叶植物，木本花卉，球根花卉，宿根花卉，一、二年生花卉等。其特点是一般要求设施栽培，管理科学，技术精进，所出产的盆花质量高，经济效益也比较高。

3. 鲜切花类

鲜切花类是一种高投入、高效益、高风险的"三高"产业。一般是保护地栽培达到周年上市的目的。大部分鲜切花栽培均为集约化、规模化、专业化，其地域选择十分重要，涉及投入成本、运输与消费等问题。

【思考题】

在你生活的城市，按以上三种分类方法，分别都有哪些常见花卉？

👆 **随堂练习**

随堂练习 1

👆 **任务小结**

花卉种类繁多，花色、习性、观赏特点均各有不同，在实际栽培和应用中需要详细了解，熟练掌握！

任务2 花圃建立

主要内容

一、花圃建立前期规划

【思考题】

建立花圃前，我们应该考虑哪些因素？

花圃即花卉场圃，是专门进行花卉生产或栽培的场所。建立一个经济有效的花圃是进行花卉栽培的前提和物质基础。建立前需重点从以下几个方面准备。

1. 选址

选址需重点选择平地但不能积水，离家较近，水源充足，采光、通电、交通便利的位置。

1）不积水场地以平地最适宜，低斜度的缓坡平整地也可考虑。

2）离家较近，不仅有利于生产管理，更有利于销售。

3）必须有良好的、合乎花卉生产要求的充足水源，有合乎要求的 pH 值、EC 值小于 1 的河道水最理想，生产成本最小。如无理想的河道水，则可考虑采用地下水，通过打井的方式获取水源。

4）具有良好的自然水源，同时还要保证场地不会被水淹没。

5）生产场地的光照必须充裕，在平原地区，要避免光线被遮挡；在高山地带，不要选择深山坳，以选择向阳、光照时间相对较长的南坡平缓地为宜。

6）交通便利道路畅通，以方便大货车进出。

7）不论规模大小，通电条件都是必须满足的。

8）专业生产的花圃离城市用花区不宜太远。

2. 规模

一个花圃的规模大小不能一概而论，单位附属生产自用花卉一般都较小。但如果是作为商品生产的花圃，不论是否有实力，都必须要达到一定的经济规模。5 亩以下的，只能算业余的或附带生产的，一般不能像专业生产者一样赢得市场和利润；5~10 亩的规模，如果在一个众多花圃集中的地带生产，经营压力可能小一些，如果是孤立的花圃，那么困难会更多，但总的说来，即使生产销售都比较正常，其获益和赢得市场的能力都不强；10 亩以上的规模，可年产 10 万盆以上的成品；如果要发展成为一家专业生产的公司，则至少要有 30 亩以上的生产场地和 30 万盆以上的年产量。

3. 规划

花圃地的规划尤其重要。根据功能不同，一般把花圃划分为生产用地和非生产用地，比例以 4:1 为好，一般非生产用地面积不能超过花圃面积的 20%。生产用地的规划根据生产需要以及生产者本身实力来控制。但不论规模大小，场地都需要规划。实施正式的规划设计，为日后的生产经营活动提供便利，且经济实用。在简易的场地，除了生产区外，也必须有简易管理房、工具材料仓库、场地道路、蓄水池及给排水管网沟渠等。另外还有露地生产面积；生产用地和非生产用地面积的比例等。以一个 10 亩的花圃为例，其生产区除了保护地外，还要考虑安排一定面积的露地生产面积。一般情况下，露地生产面积以不超过生产总面积的 30% 为宜。正规的场地还要建立一个专用于生产操作和包装运输用的准备房。

（1）生产区　花圃的生产区一般应包括以下功能分区：

1）播种区。培育播种苗的区域，是幼苗繁殖任务的关键部分，应选择全圃自然条件和经营条件最有利的地段作为播种区。

2）营养繁殖区。培育扦插苗、压条苗、分株苗和嫁接苗的区域，与播种区要求基本相同。

3）移植区。培育各种移植苗的区域。由播种区、营养繁殖区中繁殖出来的苗木，需要进一步培养成较大的苗木时，则应移入移植区中进行培育。

4）大苗区。培育植株的体形、苗龄均较大。在大苗区培育的苗木出圃前不再进行移植，且培育年限较长。大苗区的特点是株行距大，占地面积大，培育的苗木大，规格高，根系发达，可以直接用于园林绿化建设。

（2）非生产区　花圃的非生产区一般应包含道路系统、灌溉系统、排水系统、防护林带、管理区的房屋占地等，这些用地是直接为生产服务的。

1）道路系统的设置。一级路（主干道）是苗圃内部和对外运输的主要道路，多以办公室、管理处为中心。设置一条或相互垂直的两条路为主干道，通常宽 6~8m。二级路通常与主干道相垂直，与各耕作区相连接，一般宽 4m，其标高应高于耕作区 10cm。三级路是沟通各耕作区的作业路，一般宽 2m。

2）灌溉系统的设置。苗圃必须有完善的灌溉系统，以保证水分对苗木的充分供应。灌溉系统包括水源、提水设备和引水设施三部分。水源主要有地面水和地下水两类。提水设备多使用抽水机（水泵），可依苗圃育苗的需要，选用不同规格的抽水机。引水设施有地面引水渠道和暗管引水两种。地面引水渠道即明渠。灌溉主管和支管均埋入地下，其深度以不影响机械化耕作为度，开关设在地面使用方便之处。

3）排水系统的设置。排水系统对地势低、地下水位高及降雨量多而集中的地区尤为重要。排水系统由大小不同的排水沟组成，排水沟分明沟和暗沟两种，目前采用明沟较多。

4）防护林带的设置。为了避免苗木遭受风沙危害，应设置防护林带，以降低风速，减少地面蒸发及苗木蒸腾，创造小气候条件和适宜的生态环境。

5）建筑管理区的设置。该区包括房屋建筑和圃内场院两部分。前者主要指办公室、宿舍、食堂、仓库、种子贮藏室、工具房、宿舍、车棚等；后者包括劳动集散地、运动场以及晒场、肥场等。

二、花圃配套设施设备

1. 大棚

花圃最基本的保护地设施南方多为钢管单体大棚，北方多为日光温室。钢管单体大棚一套为 6m 宽、30m 长。一亩地正好可安装三套。

2. 生产性温室

花卉栽培由于很多时候需要赶档期，所以具有一个比大棚更强的调节室内生产环境的生产性温室显得尤其重要。简易生产性温室的配套设施及设备有：温室通风系统、外遮阳系统、内遮阳 / 内保温系统、降温系统、微喷系统及自来水系统、轴流风机、移动苗床、温室加温系统、电气控制系统，在通风、温度、光照等方面均能进行控制和调节。

（1）温室通风系统　顶部通风系统：为了尽可能利用自然通风资源，温室的天窗独立启闭，采用手动或电动控制；顶部通风口的开窗角度为20°~30°。侧面通风系统：温室侧面通风系统通常在安装水帘处采用侧翻窗，电动开启。

（2）温室外遮阳系统（图1-1）　在夏季，由于进入温室的太阳辐射热负荷太高，温室虽然经过了通风，但温室内的高温、低湿环境对植物的生长还是不利的；当使用外遮阳系统时，由于阻隔了大部分太阳辐射进入温室，在具有良好通风的温室中可将室内温度控制到比室外气温低3~5℃的水平。一般外遮阳系统移动方向为沿屋脊方向，遮阳率通常为70%，外遮阳系统安装高度通常为5.60m。

（3）双层内遮阳/内保温系统（图1-2）　温室内遮阳及内保温系统通常分别安装在内部桁架的上下两端，上部为内遮阳系统，采用遮阳网；下部为内保温系统，采用铝箔网。内遮阳系统的功能是遮阳作用，而内保温系统的功能是既能遮阳又能保温。保温幕布是一种内用型既可遮阳又可保温的幕布，南北向运动，夏天用来遮阳，冬天用来保温，保护室内作物免受阳光和低温的影响。

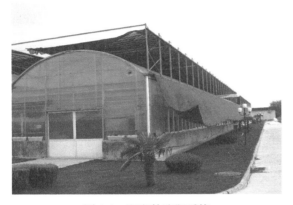

图1-1　温室外遮阳系统

图1-2　温室内遮阳系统

（4）湿帘—风扇降温系统（图1-3）　湿帘—风扇降温系统利用水的蒸发降温原理实现降温目的。降温系统的核心是能确保水均匀地淋湿整个湿帘墙。空气穿过湿帘介质时，与湿帘介质表面进行水气交换，从而将空气的温度降低。它是一种经济有效的降温方法。湿帘—风扇降温系统由湿帘箱、循环水系统、轴流式风机和控制系统四部分组成。湿帘保证有大的湿表面与流过的空气接触，以便空气和水有充分的时间接触，使空气达到近似饱和。与湿帘相配合的高效风机足够保证温室内外空气的流动，将室内高温高湿气体排出，并补充足够的新鲜空气。为了避免昆虫、灰尘、柳絮等异物

图1-3　温室湿帘—风扇降温系统

进入或附在湿帘上，影响湿帘通风降温效果，通常还在密封窗内、湿帘外采用防虫网密封阻隔。

（5）微喷系统及自来水系统（图1-4）　微喷头产生的水流量均匀，主要用于室内灌溉，同时能增湿、除尘，有利于催芽育苗。而自来水系统通常设置在温室走道处，每跨设置一个水龙头，并配备一个清水台面。

图 1-4　温室喷雾器微喷系统

（6）轴流风机（图 1-5）　利用循环风扇的主要目的是组织室内空气流动与循环，防止温度、湿度和二氧化碳分层，使之分布均匀。通常采用国产低噪声轴流风机，沿南北方向串联式布置，隔跨反向循环通风。为适应温室内高温高湿的特点，风机的风叶、风筒、安全网都采用热镀锌钢制作，外部再采用静电喷塑处理，从而具有优异的防腐性能和美观的外表。通常风机安装高度不低于2.1m，每跨 2 台。轴流风机可由计算机控制，也可手动控制。

图 1-5　温室轴流风机

（7）移动苗床　一般由立柱、横杆、边框、网片、轨道组成。长度为 2m，宽度主要有 1.65m、

1.7m、1.75m，也可以根据需要定做。网片的规格为 130mm×30mm。材料一般采用热镀锌钢材，防腐性能好，承重能力强，结实耐用。

（8）温室加温系统（图1-6）　可以是燃煤加温机，也可以是电加温机，根据生产的实际需要选择。

（9）电气控制系统　电气控制系统由总控制柜以及温室控制箱、电线、电缆等组成。

（10）其他设施　包括浇水喷头、冷库（图1-7）、肥料配比机（图1-8）、自动播种机（图1-9）、pH检测仪（图1-10）、胶水管、贮水池、给肥给药设备、简易围墙及管理房等。

图1-6　温室加温系统

图1-7　冷库

图1-8　肥料配比机

图1-9　自动播种机

图1-10　pH检测仪

3. 生产性工具、容器

（1）工具的选择

1）铁锹。锹身平或略弯曲，长方形，用于取草皮、翻地、拌介质、挖种植穴及花坛、花境的修边。

2）圆头铁锹。钢制锹身弯曲并略带尖头，用途广泛，主要用于翻地、移覆盖物和其他松软材料、拌介质、起挖植株等。

3）翻土叉。带 4 个正方形或长方形的大型钢叉，是松土、挖介质的极好工具。

4）小铲子。小的勺形金属刀片，塑料或者木制铲身，用于挖小穴、铲介质、取挖小植株、清除杂草等。

5）小手叉。3~4 个同向弯曲的短金属或塑料齿，用于松土、敲碎介质、除杂草、掘球或起挖小植株。

6）便携式喷雾器。有一个金属或塑料桶与水泵相连，用于把液态肥直接喷洒在叶面上进行叶面追肥，或喷洒杀虫剂杀虫等。

7）手枝剪。带 1~2 个剪切刀片的单手操作工具，用于对植株进行修剪等造型。

8）手推车。1~2 个车轮支撑的斗式车，是移送覆盖物、肥料、介质等不可缺少的工具，使用灵活、便于操作。

（2）容器

1）穴盘（图 1-11）。主要用于播种和小型材料的扦插繁殖，有多种规格，通常长是宽的 2 倍，如 5×10、6×12、8×16、10×20、12×24 等。

2）营养钵（图 1-12）。主要用于穴盘苗长大后的栽培以及长距离的运输等，有多种规格。钵的口径为 8~13cm，高度为 8~13cm，底部的直径较口径相对小 1~2cm，钵底中央有一个小圆孔，孔径约 1cm，以便排水。营养钵用于盛入疏松的未种过蔬菜的肥沃土壤或配制好的营养土作护根育苗。其体积大小的选择要根据育苗的品种和苗龄大小而定。

图 1-11 穴盘实景图

图 1-12 营养钵实景图

3）加仑盆。用途类似营养钵，但是牢度更好，价格也更贵，一般容量比营养钵大，主要种植稍大规格的植株。

【思考题】

你认为上述设施设备哪些是花圃必备的？哪些是可以酌情考虑，按需配套的？

三、花圃日常管理

对于专业性的花圃来说，经营管理水平的高低不但决定着花卉生产的成败，也决定着花卉生产的经济效益，因此满足园林美化和市场对花卉的需求，做到保质保量地及时供应，不但要研究花卉的栽培管理技术，还应研究花圃的经营业务，掌握商品信息，有计划地进行生产和供销。

1. 成本管理

成本管理贯穿整个生产经营活动，只有有效地做好成本计划、成本控制、成本核算，才能赚取更大的利润值。对于一个中型及以上的苗圃来说，建议采取分块承包制，这样既节约了管理成本，又提高了工人的工作效率。当然，成本管理还包括其他诸多层面，如合理施肥、适时用药、适季修剪、提高成活率及中耕除草等。

2. 技术管理

对于技术管理来说应因地制宜，具体可以划分为四季，依据不同季节的气候特点及植物的生长规律来进行有效的管理，促进苗木的快速、健壮生长，从而缩短生产周期。

（1）冬季管理　冬是春的开始，也是秋的延续，此时部分苗木的木质化程度仍未完全完成，极易受到突然寒潮的伤害。因此，应密切关注天气变化，提前做好防寒准备，并做好冬剪工作，为苗木来年春天的生长储存养分并提高苗木的抗寒性，以保证苗木安全越冬。具体管理措施如下：

1）冬剪。除去苗木下部弱枝、徒长枝、交叉枝、病虫枝等，并随着冬剪工作，完成苗木的整形、定干。

2）病虫防治。主要体现在清理易发病虫害圃间的杂草、落叶。将杂草、落叶进行集中烧毁，以破坏病虫害的越冬环境。配合使用石硫合剂对易感病虫害的苗木进行树干涂白处理。

3）深施基肥。基肥的肥效较慢，因此应在苗木的生长期到来之前完成施肥工作，只有这样才能为春季苗木的生长提供充足的养分。

4）越冬防寒。随着冬季的来临，应提前做好新栽苗木及不耐寒苗木的越冬保暖措施。

5）苗木存活率统计。做好本年度苗木存活率的统计核查工作，为来年田间补苗做好生产准备。

（2）春季管理　随着气温回暖、雨水增多，一些感温性强的苗木开始萌芽，病虫害也随之而来。此时，应及时加强对苗圃的早春管理，具体措施如下：

1）施肥。对于冬季未完成施肥工作的，应抓紧施肥，并在苗木发芽前完成施肥工作。

2）清沟排水。此时属于苗圃管理上的相对淡季，应抓紧时间完成苗圃排水沟的清理工作，为雨季的到来提前做好排涝准备。

3）清除冬草。对于成年苗木来说，基本上不会受到冬草的危害，但对于小苗及地被来说，随着气温的回升，受冬草的危害就较大。此时应加强冬草的清理工作（特别是南方，部分冬草对小苗及地被的危害相当大）。

4）虫害防治。此时对于北方来说，基本上不会受到任何虫害的影响；但在南方，随着气温升高、天气干旱及苗木嫩芽的萌发，极易发生蚜虫危害，应引起注意，提前做好防治工作。

5）病害防治。主要针对繁殖圃及花卉生产，此时主要病害有猝倒病、立枯病、炭疽病等，此类病害是繁殖圃及花卉生产中的大敌，而且会伴随着整个生产周期，应引起高度重视。

6）做好苗木的繁殖、移栽、补苗工作。

7）做好抗旱工作。遇到春旱年份，应及时浇水抗旱。

（3）夏季管理　夏初是苗木一年中生长的第一个高峰期，但也是病虫害高发期。此时应加大管理力度，具体管理措施如下：

1）防旱、防涝。遇到干旱天气，要及时进行灌溉。苗木速生期的灌溉要采取多量少次的方法，每次要浇透浇匀，且尽量避开中午阳光最强烈时候浇水（特别是小苗、新栽苗及地被等植物）。此时也是阵雨多发期，雨前、雨后应及时做好清沟排水工作。

2）除草。夏季是田间杂草生长的旺盛期，必须做好杂草的清理计划，应尽量做到"除早、除小、除了"的原则，并结合使用一些触杀性的除草剂，来达到控制田间杂草的目的。

3）虫害防治。随着苗木的旺盛生长，田间大量的食叶性害虫（如：刺蛾类、天蛾类、蚕蛾类）、蛀干害虫（如：天牛类、蠹蛾类）及地下害虫（主要是蛴螬）等大量出现危害苗木。此时应加强田间调查，提前做好害虫预测，并及时合理地采取防治措施。

4）夏剪。夏剪相对于冬剪来说工作量较小，主要做好苗木的抹芽、过密枝的疏剪及分蘖枝的清除工作。如果此时不能及时对苗木进行修剪措施，不仅会造成苗木的营养消耗，而且会加大冬剪的工作量，还会影响苗木的品质。

5）追肥。为了满足苗木的旺盛生长需求，应及时地对苗木进行追肥。追肥以速效肥为主，尽量采取沟施、穴施的方法，以提高肥料的利用率。

6）防风。夏季天气风云莫测，大风天气极易给苗木造成损伤，应提前做好大树及新栽苗木防风工作。

（4）秋季管理　秋季管理与夏季管理基本类似，具体管理措施如下：

1）除草。初秋仍是田间杂草猖獗的时候，必须加强田间杂草的清除管理工作，并可结合除草进行田间松土。

2）防旱、防涝。秋季是苗木生长的第二高峰期，遇到干旱天气应及时进行田间灌溉；遇到秋雨连阴天，应及时排涝。

3）虫害防治。此时仍是蛀干害虫及地下害虫的高发期，应加强防治力度。

4）科学施肥。对于小苗及地被来说，秋季应加强磷、钾的施用，以促进其木质化程度，提高其苗木的抗逆性，尽量减少或停止施用氮肥。

5）繁殖、移栽。秋季气温适宜，应及时进行苗木扦插繁殖、移栽等工作。

3. 记录、总结、完善、提升

建立长效管理机制，不断总结、完善苗圃的管理，为苗圃的持续发展夯实基础。具体应做好以下几个方面的工作：

1）做好成本记录，为苗圃的成本管理提供参考。

2）做好田间管理记录，为苗圃的生产提供技术支持。

3）做好病虫害防治记录，建立病虫害发生规律档案，以便更好地控制病虫害的发生。

4）制订苗圃管理制度，以便维持正常的生产秩序。

5）制订苗圃的销售计划，用以缩短苗木的运转周期，从而获取更大的利润。

【思考题】

花圃管理中哪些是最关键的？

随堂练习

随堂练习 2

任务小结

花圃管理主要包括两方面：成本管理和技术管理，两者同等重要，必须两手抓。

任务 3　栽培环境管理

主要内容

一、栽培基质选择与配制

【思考题】

说说看你都曾经用过什么或者看到过别人用什么基质种花？

（一）理想基质的要求

理想基质的要求：适于种植众多种类植物，适于植物各个生长阶段，简单来说即疏松、透气、肥沃（多肉植物除外）。总结起来至少应具备以下特点：

1. 容重轻

方便搬运，尤其是应用于一些特殊环境（如屋顶、高架桥），能够减轻承重荷载。

2. 保水性和透气性兼顾

理想栽培基质含水量应为体积的 35%~50%，空气占体积的 10%~20% 才能保证良好的保水性和透气性。

3. 肥力足够

基质中应含有合适的氮、磷、钾及适量微量元素以满足植物生长对肥料的需求。

4. 不携带病虫草害

基质中不含病虫草害，为后期的管理提供便利性。

5. 适合的 pH 值

基质的 pH 值对植物吸收养分影响很大，因此必须重视基质的 pH 值。

6. 适合的 EC 值

EC 值是指可溶性盐类（如钾、钙、镁、磷等）的含量。盐类浓度过高会伤根，过低则养分不足。

（二）配制基质的常用原材料

近年来容器栽培所用的基质，逐渐趋向使用全部无土或少土的基质。这是因为无土基质大部分属于无毒类型，重量轻，质量均衡，价格便宜，易干燥及标准化。但无土基质多数不含或少含养分，需要注意及时施用肥料。

1. 树皮

松树皮和硬木树皮，具有良好的物理性质，能够部分代替泥炭作为盆栽介质。新鲜树皮的主要问题是碳氮比较高，有些树皮（如桉树皮等）含有对植物的毒性成分，应该通过堆腐或淋洗降解毒性。树皮首先要粉碎，粒子直径可以大到1cm，一般的直径是1.5~6mm。对粒子大小进行筛选，细小的粒子可作为田间土壤改良剂，粗的粒子最好作为盆栽介质。

2. 木屑

木屑和树皮有类似的性质，但较易分解沉积，而过于致密则不易干燥。

3. 谷壳

用谷壳做基质，有良好的排水、通气性，也不影响混合基质原来的pH值、可溶性盐或有效营养，并能抗分解，因此有较高的使用价值。谷壳在使用前通常要进行蒸煮，以杀死病原菌，但在蒸气消毒时能释放出一定数量的锰，有可能使植物中毒。消毒后要加入约1.0%左右的氮肥，以补偿高碳氮比所造成的氮素的缺乏。

4. 泥炭

泥炭又称为草炭、泥煤，它是古代湖沼地带的植物被埋藏在地下，在淹水和缺少空气的条件下，分解不完全的特殊有机物。

泥炭颗粒的大小在栽培应用中应充分考虑。一般泥炭颗粒粒径20~40mm：适合大型盆栽植物（一般20cm以上盆径）；泥炭颗粒粒径10~30mm：适合通用种植使用（一般花卉、蔬菜种植都可以）；泥炭颗粒粒径5~20mm：适合通用种植使用（介于种植和育苗之间的类型）；泥炭颗粒粒径0~10mm：适合播种用（一般花卉播种）；泥炭颗粒粒径0~6mm：适合播种用（一般蔬菜播种，尤其推荐播种细小的种子，如多肉植物的种子）。

5. 珍珠岩

珍珠岩是天然的铝硅化合物，即粉碎的岩浆岩加热到1000℃以上所形成的膨胀材料。珍珠岩较轻，密度为100kg/m³，通气良好，无营养成分，质地均一，不分解，阳离子代换量较低，pH值为7.0~7.5，对化学和蒸气消毒都是稳定的。珍珠岩含有钠、铝和少量的可溶性氟，氟能伤害某些植物，特别在较低pH值时用珍珠岩作繁殖介质表现明显。在使用前经过2~3次淋洗，能使可溶性氟淋失。珍珠岩较轻，容易浮在混合介质的表面。

6. 蛭石

蛭石是硅酸盐材料在800~1100℃下加热形成的云母状物质。在加热中水分迅速失去，矿物膨胀相当于原来体积的20倍，其结果是增加了通气孔隙和持水能力。蛭石密度为100~130kg/m³，呈中性至碱性（pH值为7~9），每立方米蛭石能吸收500~650L的水，蒸气消毒后能释放出适量的钾、钙、镁。蛭石长期栽培植物后，容易致密，使通气和排水性能变差，因此最好不要用作长期盆栽植物的介质。

7. 陶粒

陶粒是黏土经加工烧制而成的大小均匀的颗粒，不会致密，具有适宜的持水量和阳离子代换量。陶粒在盆栽介质中能改善通气性。无致病菌，无虫害，无杂草种子。密度为500kg/m³，不会分解，可以长期使用。虽然体积比100%陶粒可以用作栽培介质，但一般作为盆栽介质只用占总体积的20%左右的陶粒。

8. 砂

砂通常可作为盆栽混合介质的组成成分，砂粒应为0.1~1mm，用0.2~0.5mm之间的较好。砂的密度较大，可达1600kg/m³，砂的持水量和阳离子代换量较小。作盆栽介质组成时，用量不超过总体积的26%。来自珊瑚或原始火山的砂，有可能含有毒性元素；海边的砂则可能有较高的含盐量。

9. 煤渣

煤渣密度为 800kg/m³，用煤渣作盆上介质，最好进行筛选，小于 1mm 的粉末容易堵塞排水孔隙不能使用，太大也不好，粒径最好控制在 2~5mm。煤渣呈碱性反应，如果用它种植喜酸性花卉，应先用废酸处理掉过多钙质，然后用水清洗，晒干后再作盆栽介质。

10. 田园土

田园土一般是指菜园、花园中的地表土，因地区不同，酸碱度有差异，肥力也各不相同。

11. 腐叶土

腐叶土具有丰富的腐殖质，疏松肥沃，透水透气性都良好。针叶林下腐叶土的 pH 值为 4.0~5.2，针阔混交林下腐叶土的 pH 值为 5.0~6.0。腐叶土有天然的，可以直接到山里采集；也可人工制作，春秋季节收集落叶，经堆置、腐熟发酵后就可以使用。

12. 植金石

植金石是一种火山石，是火山爆发之后，释放大量气体、热量，经特殊温度而形成的多孔、体轻、能迅速吸取养分、保持水分的石头，再经过 250℃ 高温杀菌后，高科技技术加工而成。植金石体轻，排水、保湿、透气性俱佳，并且植金石湿水之后，色泽偏金黄，与优雅的兰株配合，相得益彰。其用来种植名贵兰花，与多种基质混用。

13. 麦饭石

麦饭石属于火山岩类，具有吸附性、溶解性等，能吸附水中游离的金属离子。经水浸泡后的麦饭石，可溶出 40 多种元素，其中近 20 种为微量元素，是非常好的一种栽培基质。

14. 鹿沼土

鹿沼土原产于日本，内部具有很多孔隙，pH 值呈酸性，有很高的通透性、蓄水力和通气性。鹿沼土混入其他基质之中，能使配制出来的混合基质更加疏松透气，还能提高混合基质的保水性，避免土壤快速脱水。鹿沼土不论是用于专业生产还是家庭栽培或土壤改良，均有良好的效果，尤其适合嫌气、忌湿、耐瘠薄的植物，如各类盆景、兰花、高山花卉等。鹿沼土可单独使用，也可与泥炭、腐叶土、赤玉土等其他介质混用。

15. 赤玉土

赤玉土由火山灰堆积而成，大部分原产于日本。高通透性，无有害细菌，pH 值呈微酸性。适合大多数植物，尤其对景天科、仙人掌科等多肉植物、中国兰花等栽培有利。

16. 水苔

水苔由泥炭藓加工而来。干净，无病菌，能减少病虫害的发生；保水及排水性能好；具有极佳的通气性能；不易腐败。可单独使用，常见于栽培一些附生性植物，如蝴蝶兰、石斛兰等；也可与泥炭、珍珠岩等混合使用，提高基质的透气、保湿性能；还可以局部运用，放在基质的上部用于保湿，也可以放在盆底，防止细颗粒基质流失，提高基质的保湿性能，增强盆底的透气性。

（三）如何达到理想基质的要求

1. 保水透气、肥力充足

根据植物需要，兼顾保水与透气、重量、肥力等挑选适合的基质配制。

2. 消毒杀灭病虫草害

（1）蒸汽消毒　基质入箱，密闭，通入蒸汽，70~90℃ 持续 15~30min（注意：体积 1~2m³，基质含水量 35%~45% 为宜）。

（2）太阳能消毒　夏季，塑料薄膜覆盖，暴晒 10~15 天（注意：基质高度 20~25cm，含水量 80%）。

（3）化学药剂消毒　40% 甲醛稀释 40~50 倍，均匀喷洒（20~40L/m²），薄膜覆盖 2 周，再风干 2 周（注意：安全和环境保护）。

3. 适合的 pH 值

pH 值为 5.3~7.5，先测再调。

（1）测　1 份基质 +2 份蒸馏水，pH 计测。

（2）调　过酸（pH<5.3），基质浇湿，混入少量石灰覆盖 2 周后取样测定。过碱（pH>7.5），硫磺粉或硫酸亚铁。硫酸亚铁比较温和，一般降低一个 pH 单位用量为 1.8kg/m³。

4. 适合的 EC 值

先测后调。不同的花卉对土壤 EC 值的要求不同，当测出的 EC 值高于所生产花卉要求时，不再施肥，且需要淋洗盐分；如果低于特定花卉生长所需，则需施肥，尤其是施用硝态氮肥。

随堂练习

随堂练习 3

二、温度管理

由于我国地区跨度大，南北温度差异也大，而且植物本身对温度的需求也各不相同，因此根据地区气候条件及植物生长需要，对栽培环境进行温度的调节成为必要的措施。在栽培环境中，对温度的管理主要体现在保温、加温和降温三方面。

温度、光照管理

（一）保温

保温的主要热量来源是太阳能，一般是不加温温室或大棚。通常采用室内顶部覆盖室内保温幕，或室外覆盖保温材料（如草席、发泡塑料、卷帘等），或者室内再扣小拱棚，相当于双层塑料膜保温的效果。

（二）加温

加温是现代园艺栽培中越冬栽培最有效的温度管理手段。加温方式主要有热风加温和热水加温两种方式。

（三）降温

在夏季炎热地区，通常栽培过程中需要对栽培环境进行降温处理，以适应植物生长的需要或保证园艺产品的质量。露地栽培的花卉降温主要依靠遮阳，室内栽培的植物降温的手段则多一些，效果也更加显著。

1. 遮阳幕降温

利用遮光率为70%或50%的透气黑色网幕，或缀铝膜（铝箔条比例较少）覆盖于距离温室顶上30~50cm处；比不覆盖的可降低室温4~7℃，最多时可降10℃，同时也可防止作物日灼伤，提高品质。

2. 微雾降温系统

使用普通水，经过微雾系统自身配备的两级微米级的过滤系统过滤后进入高压泵，加压后的水通过管路输送到雾嘴，高压水流以高速撞击针式雾嘴的针，从而形成微米级的雾粒，喷入温室，使其迅速蒸发以大量吸收空气中的热量，然后将潮湿空气排出室外而达到降温目的。微雾降温系统适于相对湿度较低、自然通风好的温室，不仅降温成本低，而且降温效果好；降温能力在3~10℃间，一般适于长度超过40m的温室采用；还可用于喷农药、施叶面肥、加湿及人工造景等。

3. 湿帘降温系统

其工作原理为利用水的蒸发实现降温，主要装置包括水泵、疏水湿帘、风扇。在炎夏晴天，尤其中午温度达最高值，相对湿度最低时降温效果最好，是一种简易有效的降温系统；但高湿季节或地区，降温效果受影响。工作时以水泵将水打至温室帘墙上，使特制的疏水湿帘能确保水分均匀淋湿整个降温湿帘墙；湿帘通常安装在温室北墙上，风扇则安装在南墙上，当需要降温时启动风扇将温室内的空气强制抽出，形成负压；室外空气因负压被吸入室内的过程中以一定速度从湿帘缝隙穿过，与潮湿介质表面的水气进行热交换，导致水分蒸发和冷却，冷空气流经温室吸热后经风扇排出而达到降温目的。

【思考题】

请分析几种降温方式的优缺点及适用范围。

📌 随堂练习

随堂练习4

三、光照管理

光照对花卉生长的影响主要体现在光照强度和光照时间上。花卉对光照强度的适应性有阳性花卉、阴性花卉和中性花卉之分。阳性花卉一般要求全光照下生长，不能忍受遮荫，如月季、三角梅、大部分草花；阴性花卉一般需要适度遮荫，不能忍受强烈的直射光，如白掌、绿萝、合果芋；中性花卉则对光照强度的要求介于二者之间，喜欢阳光充足但微荫下生长也良好，如粉菠萝、蝴蝶兰、红掌。

同一种植物在生长的不同阶段对光照的需求有时也不一样，如百合生根期不需要光照，幼苗期现蕾前需半阴，现蕾后需充分光照，进入开花期则又需适当遮荫，可延长观花期。如果光照条件不适合，通常对植物的正常生长会有显著影响，甚至直接造成植物死亡。当光照强度过弱时，植物轻度表现为徒长、株形散乱、观花植物开花量少甚至不开花或者彩叶植物叶色返绿，重则光合作用减弱，营养不良导致植株死亡。光照强度过强则通常表现为植株叶片被灼伤，引发病害进而影响植物的生长甚至死亡。因此，设施栽培中调整环境光照条件显得尤为重要。栽培中采取的措施主要有补光、遮阳、遮光，以调节光照强度和光照时间。

（一）补光

温室补光主要有两种方式，一是延长光照时间，进行长日照处理，这种方式在切花的周年栽培上应用较多，如延长光照可以使长日照花卉提前开花或短日照花卉延后开花；二是增大光照强度，如冬季持续阴雨天气通过补光提高花卉的光合作用和生长量。

（二）遮阳

遮阳主要是在夏季高温栽培时用到，通过选择不同透光率的遮阳网，起到遮阳降温的作用。通常根据选择透光率的不同和覆盖层数的不同，夏季可降温 4~8℃。

（三）遮光

遮光在栽培中的作用主要是缩短光照时间，尤其在切花栽培以及盆花栽培中为达到短日照效果而使用。

【思考题】

光照管理主要应用于哪些栽培模式？

🖐 随堂练习

随堂练习 5

四、水分管理

花卉栽培的水分需求主要体现在两个方面，一个是基质水分，另外一个是空气湿度。基质水分直接影响花卉根系的生长和肥料的吸收，从而影响到整个花卉的生长发育。

水分、肥料管理

（一）栽培中基质灌水方式

1. 漫灌

一般做床挖沟漫灌或软管喷头浇淋。其优点是设备投入少、成本低，缺点则是需水量大以及某些特殊植物叶片沾水后可能会引发病害，如多肉植物。

2. 喷灌

喷灌是大型现代化温室花卉栽培中比较理想的一种供水方式，通过架高喷灌头的方式，向花卉进行喷洒淋水。通过调节喷头，能产生不同大小的水柱或水雾，尤其是喷出的雾状水还能增大空气湿度，满足一些对空气湿度要求高的花卉的需要，例如一些原产于热带雨林的观叶花卉。

3. 滴灌

滴灌也是花卉栽培中比较常用的浇水方法，通过细管与滴箭头的组合，将水分滴入基质。滴灌可节省水资源，同时不会造成基质板结，但通常需要加装过滤装置，否则滴箭头容易堵塞。

（二）空气湿度

空气湿度的大小直接影响花卉的生长发育。当湿度过低时，植物自保机制启动，关闭气孔减少蒸腾，间接影响光合作用和养分输送，植物出现失绿症状；当湿度过高时，花卉容易徒长，同时较高的空气湿度也是造成病害发生的常见原因。综合以上原因，为满足花卉生长需求，通常会采用人工手段来调节，主要有：

1. 增湿

增湿通常在栽培环境气温过高时使用，在增湿的同时还能起到降温的目的，如喷雾和湿帘—风机降温系统。

2. 除湿

除湿主要在栽培环境空气湿度过大时，通过通风、启动轴流风机，加速空气流动等方式完成。

【思考题】

请分析比较漫灌、喷灌、滴灌的区别。

📖 随堂练习

随堂练习 6

五、肥料管理

花卉的生长发育需要营养元素的支撑，植物所需的必须营养元素有 16 种，包含大量元素碳、氢、氧、氮、磷、钾、镁、钙、硫，微量元素铁、硼、锰、铜、锌、钼、氯，其中氮、磷、钾需求量大，是人工补充的主要对象，被称为肥料三要素。对花卉的肥料管理上，不但要施对量，还要施对肥料种类。如果量达不到需求，不能满足花卉生长所需，花卉生长不好；但如果过量，则会造成肥害严重的烧苗死亡。同时由于肥料元素的功能不同，如果选用不当，也达不到施肥的目的，如在花卉花芽分化期，如果选用大量氮肥而不是补充磷肥，则会造成开花量减少甚至不开花。因此，掌握肥料种类、特性、施用方法很重要。

（一）肥料种类

1. 有机肥

有机肥主要包括各类动植物残体和排泄物。其优点表现为营养全面、肥效持久，同时能改良基质的理化性质；缺点则是养分的含量、释放的速度都受外界影响较大，不够稳定，不利于标准化生产，同时可能带有病原菌、虫卵等。使用时注意经过充分腐熟和消毒杀菌。常见的有机肥有人粪尿、草木灰、稻壳炭、豆饼、鸡粪、鸭粪、牛粪、羊粪、鱼肥、骨粉等。

2. 速效肥

速效肥是无机肥的一种，属于化肥的范畴。其优点表现为营养成分按需所配，肥效迅速，能快速满足植物生长所需；缺点则是持久性不够，尤其是下雨天淋失，另外量大容易烧苗，长期使用还会造成基质板结。

3. 控释肥

控释肥也是无机肥的一种，属于人工合成化肥。将多种营养成分按一定比例混合加工成小颗粒，外面包被特殊材料控制养分的释放。其优点表现为具有一定的持久性，释放速度也可控制，营养成分按需所配；缺点则是对改良基质理化性质没有帮助。

（二）肥料施用方式和注意事项

1. 施肥方式

栽培中根据肥料施用的时机不同有基肥和追肥两种方式。基肥就是做基础性肥料，一般下种时拌入基质，通常选用肥效全面、温和、持久性长的有机肥或控释肥。而追肥则是在植物生长期根据其生长阶段、生长状态追加的肥料，一般选用肥料组成精确、能人为控制释放的化学肥料控释肥和速效肥。

2. 注意事项

对花卉的肥料管理光掌握肥料特点是不够的，还需要了解花卉的需求，按需施肥，才能真正达到理想效果。总的来说施肥还需注意以下几个方面。

（1）花卉种类　花卉种类繁多，对肥料的需求也各有不同。一般附生性花卉（如附生性兰花、蕨类等）对肥料特别敏感，一定要薄肥勤施，否则会造成肥害；一年多次开花或开花量大的花卉一般需肥量大，如月季、天竺葵；以观花为主的花卉一般对磷肥的需求大，而以观叶为主的花卉则以氮肥为主；但一些花叶的观叶植物如果氮肥施用过量则会返绿。因此必须按照花卉的需肥特性进行肥料管理。

（2）生长阶段　花卉生长幼龄期，体量小，需肥量相对较少，到了旺盛生长的青壮年期则需肥量相对增加；另外营养生长阶段对氮肥的需求量会大一些，而生殖生长阶段则需要补充充分的磷肥，球根花卉花后养球需要补充大量的钾肥以促进地下球根的生长。

（3）季节　一般春秋季节气候温暖，植物旺盛生长，需肥量大，而夏冬高温或低温植物休眠则少施或不施。

【思考题】

请分析比较有机肥、控释肥以及速效肥之间的差异。

随堂练习

随堂练习7

任务小结

花卉栽培与栽培基质、温度、光照、水分、肥料息息相关，必须综合把握，平衡调节各方面环境因素。

【项目小结】

1. 疏松、透气、无病虫害、合适的 pH 值和 EC 值是理想基质具有的共同特点，常见的基质有泥炭、珍珠岩、蛭石、陶粒、砂、田园土、腐叶土、水苔、植金石、赤玉土、鹿沼土等，混合基质比单一基质好。

2. 温度管理主要有保温、加温和降温三种方式，根据季节变化和花卉的阶段性需求选择。

3. 光照对花卉生长的影响主要体现在光照强度和光照时间上。花卉对光照强度的适应性有阳性花卉、阴性花卉和中性花卉之分；花卉对光照强度的适应性主要有长日照、中日照、短日照花卉之分。

4. 花卉对水分的需求主要体现在两个方面，一是基质水分，二是空气湿度。基质水分直接影响花卉根系的生长和肥料的吸收，空气湿度对花卉的生长影响也很大。基质水分管理主要有漫灌、喷灌和滴灌三种方式；空气湿度的管理则根据季节及花卉种类、生长的阶段性不同有增湿和除湿两种方式。

5. 肥料管理相对比较复杂，需要考虑的因素很多。大体上应该把握各肥料元素的功能，尤其是氮、磷、钾，即肥料三要素；三大类肥料即有机肥、控释肥、速效肥各自的特点；施肥的两种方式基肥和追肥；以及在此基础上根据气候、花卉种类、花卉生长的阶段性需求进行合理的肥料管理。

讨论题

花卉栽培中环境因素的影响是很复杂的，各环境因素单独起作用的同时相互间还有影响，例如水分管理必须与基质综合考虑，肥料的管理必须综合考虑温度的影响。事物之间往往都是相互联系的，我们需要不断提高系统思维，从全局性、整体性着眼。请从系统观念出发谈谈你对上述管理措施的看法。

项目2
花卉繁殖技术

任务 1 有性繁殖技术

主要内容

一、有性繁殖的概念及特点

【思考题】

什么叫有性繁殖？

有性繁殖又叫播种繁殖，是利用植物的有性后代——种子，对其进行一定的处理和培育，使其萌发、生长、发育，成为新的一代幼苗个体。用种子播种繁殖所得的幼苗称为播种苗或实生苗。播种繁殖相较于其他繁殖，具有如下特点：

1）利用种子繁殖，一次可获得大量幼苗，繁殖系数高。

2）播种苗生长旺盛，长势健壮，根系发达，寿命长，抗性强。

3）种子繁殖的幼苗，遗传保守性较弱，对新环境的适应能力较强，有利于异地引种的成功。

4）用种子播种繁殖的苗木，特别是杂种幼苗，由于遗传性状的分离，在幼苗中常会出现一些新类型的品种。

5）种子繁殖的幼苗开花、结果，较无性繁殖的幼苗晚。

6）由于播种苗具有较大的遗传变异性，因此对一些遗传性状不稳定的植物，用种子繁殖的苗木常常不能保持母本原有的观赏价值或特性。

【思考题】

常见的种子处理方法有哪些？播种前应做好哪些准备工作？

随堂练习

随堂练习 8

二、温室穴盘育苗

露地播种育苗通常采用苗床育苗，移栽时由于对根系有伤害，因此通常都有一定的缓苗期，而且露天有气候限制，不能做到按需育苗，因此现代花圃通常采用穴盘育苗，在可控环境条件下（如温室，甚至专门的发芽室）进行育苗。由于采用了穴盘，并配合相应的机械化设备进行规模化栽培，因此温室穴盘育苗有很明显的优势和显著的经济效益。

（一）穴盘育苗技术特点

1）一次成苗。

2）基质使用无土基质，通常采用泥炭、蛭石、珍珠岩等，密度小、有良好的透气性和保水性，与容器表面不黏着，容易脱盘，便于机械操作。

3）穴盘由多孔连接而成，每个小穴孔保证了幼苗具有相互独立的生长空间，连成一体的穴盘方便管理搬运。

4）穴盘育苗结合了机械化、规模化生产与现代温室技术、无土栽培技术，具有生产效率高、幼苗质量好的特点。

（二）穴盘育苗栽培技术

1. 基质

穴盘育苗基质要求质轻，颗粒较大，可溶性盐含量较低，不含病原物、虫卵、杂草种子，排水性和透水性兼顾，酸碱度适宜。常用的基质主要有泥炭、珍珠岩、蛭石、椰糠、河砂等。

花坛花卉育苗之一：
种子育苗技术

2. 种子

原则上穴盘育苗对种子处理的要求与传统育苗没有太大的区别，但由于穴盘育苗一般都是机械化生产，因此对于形态特殊或太小粒的种子，采用自动播种机播种时需要处理。种子丸粒化技术是将种子用一定材料包衣加工成较大颗粒的一种加工技术。

3. 精量播种

专门从事花卉繁殖和栽培的园艺公司均采用播种机进行穴盘播种，如图2-1~图2-6所示。

图2-1　自动播种机1：穴盘放置

图2-2　自动播种机2：填土

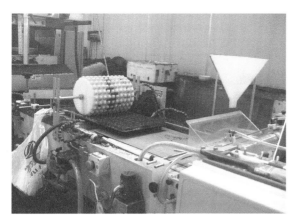

图 2-3　自动播种机 3：打孔

图 2-4　自动播种机 4：播种

图 2-5　自动播种机 5：覆盖

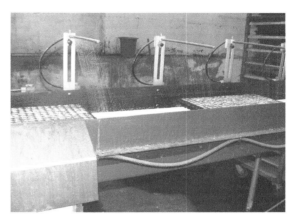

图 2-6　自动播种机 6：浇水

4. 催芽与育苗

浇透水的穴盘立即送入发芽室，温度一般为 25~30℃，相对湿度 95% 以上，具体出芽时间与花卉品种有关。

育苗室的温湿度要比催芽室低，一般温度为 12~15℃，相对湿度 70%~80%，穴盘基质含水量 60%~70%。由于苗小长势弱，因此需要注意调整温湿度及通风。

5. 穴盘苗的移栽、运输和销售

移栽前浇一次透水，使苗更容易脱盘，也有利于运输销售。

【思考题】

穴盘育苗的优点有哪些？

💡 随堂练习

随堂练习 9

任务小结

有性繁殖有自身特点，常用的繁殖方式根据环境的不同分为露地播种和温室穴盘育苗两种，现代花卉企业广泛采用温室穴盘育苗，幼苗质量高，方便运输和移栽销售。

任务2 无性繁殖技术

主要内容

无性繁殖技术又叫营养繁殖技术，是指用植物的营养器官进行繁殖获得新植株的方法。用营养繁殖获得的幼苗称营养繁殖苗或无性繁殖苗。这在花卉栽培中是非常普遍的繁殖方式。营养繁殖最大的优点是能保持优良品种的遗产特性，此外还具有繁殖方法简单、花苗生长迅速、提早开花结实等优点。但缺点也很明显，如扦插苗根系浅、营养繁殖苗寿命短、多代重复繁殖后易引起退化等。无性繁殖又分为扦插、嫁接、分生、压条和组织培养等。

一、扦插繁殖技术

（一）扦插繁殖的概念

扦插是利用植物营养器官的再生能力，切取母株的一段枝条、根或一片叶，插入基质中，在适宜的条件下促其生根、发芽，培育出新植株的方法。扦插所用的繁殖材料称为插穗。扦插材料来源广泛，成本低，成苗快，简便易行，植株变异性小，又能大规模地进行生产，所以应用广泛；但扦插苗也有管理细致、费工、苗木根系浅、寿命比实生苗短等不利方面。

扦插繁殖技术

（二）扦插生根成活的原理

植物体的每个细胞都具有全能性，具有发育成完整植株的潜在能力。在完整植株中，由于细胞在体内环境中受到内在环境的束缚，相对稳定；一旦脱离母体，在适宜的营养和外界条件下，就会表现出全能性。此外，植物体具有再生机能，当植物体的某一部分受伤或切除而使植物体受到破坏时，能表现出弥补损伤和恢复协调的功能。当根、茎、叶等从母体脱离时，由于植物细胞的全能性和再生机能的作用，就会长出缺少的器官，从而形成完整植株。

（三）扦插生根类型

1）潜伏不定根原基生根型。

2）侧芽或潜伏芽基部分生组织生根型。

3）皮部生根型。

4）愈伤组织生根型。

（四）扦插方法

扦插方法依所用的植物材料不同，可分为叶插、叶芽插、枝插和根插。

1. 叶插

用叶作为材料进行扦插的方法。此法只能应用于能自叶上发生不定芽及不定根的种类，凡能进行叶插的植物，大都具有粗壮的叶柄、叶脉或肥厚的叶片。

2. 叶芽插

用带有腋芽的叶进行扦插，也可看成介于叶插和枝插之间的带叶单芽插。当材料有限而又希望获得较多的苗木时，可采用这种方法。如山茶、天竺葵、八仙花、宿根福禄考。

3. 枝插

用植物的枝条作为繁殖材料进行扦插的方法叫枝插，这是应用最普遍的一种方法。

1）草本插用草本植物的柔嫩部分作为扦插材料。

2）嫩枝插用木本植物还未完全木质化的绿色嫩枝作为材料。

3）硬枝插用木本植物已经充分木质化的老枝作为材料。

4）休眠枝插用休眠枝扦插。

5）芽插用比较幼小还未伸长的芽作为材料。

6）带梢插用枝条的先端部分扦插。

7）去梢插用切除先端部分的枝条扦插。

4. 根插

有些植物的根上能产生不定芽而形成幼株，如蜡梅、柿子、牡丹、芍药、补血草等具有肥厚根的种类，可采用根插。一般在秋季或早春移栽时进行，方法是挖取植物的根，剪成 4~10cm 的根段，水平状埋植于基质中，也可使根的一端稍微露出地面呈垂直状埋植。

（五）影响插条生根的因素

（1）内在因素

1）树种与品种。不同树种，其插条生根的难易程度有很大差别。而插条生根的难易又与树种本身的遗传特性有关。

2）母树和枝条的年龄。选择的插条实生苗比嫁接苗的再生能力强。幼龄母树的枝条比老龄母树的枝条较易生根成活。一、二年生枝条再生能力强，作为插条生树成活率高。多年生枝条生根成活率低。

3）枝条的部位及生长发育状况。当母树年龄相同、阶段发育状况相同时，发育充实、养分积贮较多的枝条发根容易。一般树木主轴上的枝条发育最好，形成层组织较充实，发根容易，反之虽能生根，但长势差。

4）扦条上的芽、叶对成活的影响。无论硬枝扦插或嫩枝扦插，凡是插条带芽和叶片的，其扦插成活率都比不带芽或叶的插条，生根成活率高。但留叶过多，也不利于生根，因为叶片多，蒸腾失水大。

5）插条内源激素的种类和含量。营养物质虽然是保证插条生根的重要物质基础，但更为重要的是某些生长调节物质，特别是各种激素间的比例。当细胞分裂素/生长素比较高时，有利于诱导芽的形成；当二者的摩尔浓度大致上相等时，愈伤组织生长而不分化；当生长素的浓度相对大于细胞分裂素时，便有促进生根的趋势。激素和辅助因子的相互作用是控制生根的因子，因此必须综合、全面地分析插条生根的因素。

（2）外部因素

1）介质。必须疏松、通气、清洁、消毒、温度适中、酸碱度适宜。创造一种通气保水性能好、排水通畅、含病虫少并兼有一定肥力的环境条件。

2）温度。温度对插条的生根有很大影响。一般生根的最适温度是 30℃左右。

3）土壤水分和空气相对湿度。

4）光照。日光对于插条的生根是十分必要的，但直射光线往往造成土壤干燥和插条灼伤，而散射光线则是进行同化作用最好的条件，对于硬枝插或嫩枝插都是有利的。

（六）扦插后管理

1）水分。扦插后立即灌一次透水，必须经常保持基质的湿润和较高的空气湿度（图 2-7）。

2）温度。多数花卉扦插的温度要求在 20~25℃之间。根据季节需进行适当的加温、降温处理。

3）肥料。插穗生根前不需要肥料，生根成活后，植株开始迅速生长，原先插穗内部的储藏营养已耗尽，就必须对扦插苗进行追肥。通常生根后，每间隔 5~7 天用 0.1%~0.3% 浓度的氮磷钾复合肥喷洒叶面，对加速生根有一定效果。

图 2-7　扦插之喷雾

（七）扦插育苗失败的原因

1）植物种类。有些植物种类生根很容易，有些相对就比较难，应区别对待，不能用同一个标准去衡量。若出现扦插育苗失败的情况，应及时查阅文献资料，或到一些相关花卉生产公司、花圃等地询问该种植物扦插情况。例如鸡冠花、三色堇就极难生根。

2）插穗。多数植物枝条中部位置较好，但少数种类老枝扦插更好，如三角梅木质化的老枝扦插成活率更高。

3）扦插季节。现代化温室有加温、降温设备，周年均可进行。注意温度太高插条失水萎蔫，温度太低则生根缓慢，这些在生产中均要根据表现来确定。如果是一般生产性大棚等简易设施，则通常春秋较好。对每一种花卉而言，并不是春天和秋天一样好。例如常春藤秋天扦插比晚春好，因为晚春扦插碰上初夏高温则生长不好，生长极为缓慢，从扦插到可以出售的时间延长，增加生产成本。绿萝则春季扦插比晚秋好，因为绿萝越冬生长缓慢，增加生产成本。

4）水分。插穗发芽生根最重要的环境条件。一旦水分管理不当，则前功尽弃。

【思考题】

　　请分析扦插繁殖的优缺点。

👆 随堂练习

随堂练习 10

二、嫁接繁殖技术

（一）嫁接的概念及特点

1. 概念

嫁接是指将具有优良性状的植物体营养器官，接在另一株植物的茎（或枝）、根上，使两者愈合生长，形成新的独立植株的方法。嫁接所用的优良植物的营养器官叫接穗，接受接穗的植物叫砧木。用嫁接的方法培育出的苗木叫嫁接苗，嫁接苗的砧穗组合常以"穗／砧"表示。

2. 特点

嫁接繁殖除具有一般营养繁殖的优点外，还具有一些独特优点：如一些扦插不易生根或发育不良的种或品种，或一些不产生种子的重瓣花卉品种，通过嫁接繁殖可以保持优良性状并扩大繁殖系数；通过选择砧木使得嫁接苗的抗性如抗寒性、抗旱、耐涝、耐盐碱、抗病虫害及耐瘠薄能力得以增强，从而提高嫁接苗对环境的适应能力；嫁接苗比实生苗和扦插苗生长得快，可提前开花；通过选用不同砧木或乔化砧培育出特定株形的花卉，如近几年很流行的棒棒糖造型的花卉。当然，嫁接繁殖也有一定的局限性，最突出的表现就是费工，技术要求高；另外嫁接苗寿命短；砧木易滋生萌蘖；小苗嫁接处易折断或肥大变形影响观赏。

（二）嫁接繁殖原理

嫁接成活的原理主要是依靠接穗与砧木结合部位的形成层薄壁细胞的再生能力，形成愈合组织，使接穗与砧木密切结合形成接合部，使接穗和砧木原来的输导组织相连接，并使两者的养分、水分上下沟通，形成一个新的植株。

（三）影响嫁接成活的因素

1）亲和力。是指砧木和接穗在内部组织结构上、生理和遗传特性上彼此相同或相近，嫁接在一起后伤口能愈合生长的能力，这是植物嫁接成功的关键因素。

亲和力强弱：一般情况下，共砧嫁接＞同属不同种间嫁接（苹果／海棠）＞同科不同属间嫁接（辣椒／托鲁巴姆）＞不同科间嫁接（桂花／小叶冬青）。

嫁接后的植株除了能正常成活以外，还有一些情况是不正常。如嫁接植株直接死亡（樟树／玉兰）；嫁接植株前期生长良好，后期生长衰弱甚至死亡（大叶女贞／桂花）；嫁接部位出现"绞缢"（图 2-8）、"大脚"（图 2-9）、"小脚"（图 2-10）等现象，但不影响生长（藤稔）。

2）形成层细胞的再生能力。对于有亲和力的植物，嫁接的成活主要依靠砧木和接穗形成层细胞的再生能力。

图 2-8　嫁接"绞缢"

3）温度。最适温度：20~30℃；超过 35℃，愈伤组织生长停止。

4）湿度。空气相对湿度接近饱和，对愈合最为适宜。生产上常用接蜡或塑料薄膜保持接穗的水分，有利于组织愈合。

5）空气。空气是愈合组织生长的一个必要因子。砧木与接穗之间接口处的薄壁细胞增殖、愈合，需要有充足的氧气。愈合组织生长、代谢作用加强，呼吸作用也明显加大，空气供给不足，代谢作用受到抑制，愈合组织不能生长。

图 2-9　嫁接"大脚"

图 2-10　嫁接"小脚"

（四）嫁接方法

1. 砧木的准备

（1）砧木的选择

1）砧木与接穗的亲和力要强。

2）砧木要能适应当地的气候条件与土壤条件。

3）砧木繁殖方法要简便，繁殖材料来源要丰富，易于成活，生长良好。

（2）砧木的培育　砧木可通过播种、扦插等方法培育。生产中多以播种苗做砧木，这是因为播种苗具有根系发达、抗逆性强、寿命长等优点，而且便于大量繁殖。有特殊要求的除外，如嫁接龙爪槐、龙爪榆、龙爪柳、红花刺槐等高接换头且对苗干高度有一定要求的，砧木规格通常为干高 2.2m 以上，胸径 3~4cm。嫁接用砧木苗通常选用一、二年生，地径为 1~2.5cm 的规格。

2. 接穗的准备

（1）接穗的采集　接穗的采集必须从栽培目的出发，选择品质优良纯正、观赏价值或经济价值高、生长健壮、无病虫害的壮年期的优良植株为采穗母本。

（2）接穗的贮藏　春季嫁接用的接穗，一般在休眠期结合冬季修剪将接穗采回，每 100 根捆成一捆，附上标签，标明树种或品种、采条日期、数量等，在适宜的低温下贮藏。可放在假植沟或地窖内。在贮藏期间要经常检查，注意保持适当的低温和适宜的湿度，以保持接穗的新鲜，防止失水、发霉。

对有伤流现象，树胶、单宁含量高等特殊情况的接穗，用蜡封方法贮藏，如核桃、板栗、柿树等植物接穗。

3. 嫁接方法及操作

（1）劈接（图 2-11）　通常在砧木较粗、接穗较小时使用。根接、高接换头嫁接均可使用。

（2）切接（图 2-12）　切接是枝接中最常见的方法之一。通常在砧木较粗，接穗较细时使用。一般在春季切接。

（3）靠接　主要用于培育一般嫁接难以成活的珍贵树种，要求砧木与接穗均为自养植株，且粗度相近，在靠接前还应将两者移植到一起。

（4）插皮接　枝接中最易掌握、成活率最高、应用也较广泛的一种嫁接方法。要求在砧木较粗，且皮层易剥离的情况下采用。在园林苗木生产上用此法可高接和低接。

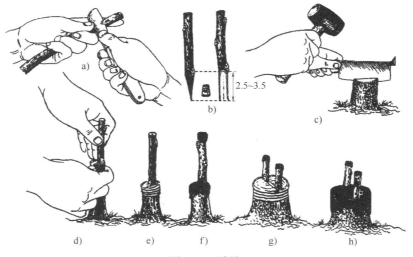

图 2-11 劈接

a）削接穗　b）接穗削面　c）劈开砧木　d）插入接穗　e）、g）绑扎　f）、h）涂石蜡

图 2-12 切接

（5）腹接（图 2-13）　在砧木腹部进行嫁接。常在砧木较细时使用。一般在夏秋季节使用。

（6）嵌芽接（图 2-14）　此种方法不仅不受树木离皮与否的季节限制，而且接合牢固，利于嫁接苗生长，已在生产上广泛应用。

（7）T 字形芽接　这是目前应用最广的一种嫁接方法，需要在夏秋季进行。

总之，嫁接过程要求做到以下几点。

齐：砧木与接穗的形成层必须对齐。

平：砧木与接穗的切面要平整光滑，最好一刀削成。

紧：砧木与接穗的切面必须紧密地结合在一起。

快：操作的动作要迅速，尽量减少砧、穗切面失水；对含单宁较多的植物，可减少单宁被空气氧化的机会。

净：砧、穗切面保持清洁，不要被泥土污染。

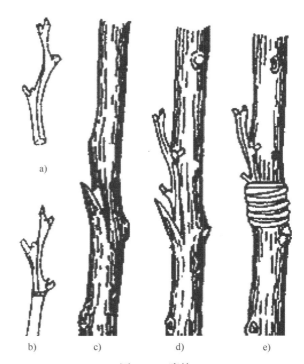

图 2-13 腹接

a）接穗　b）接穗削面　c）砧木削面　d）插接穗　e）绑接穗

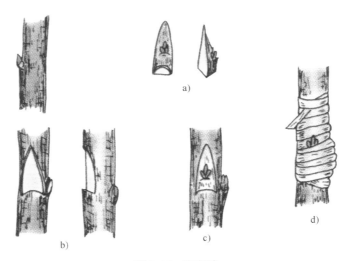

图 2-14 嵌芽接

a）削接芽　b）削砧木接口　c）插入接芽　d）绑缚

（五）嫁接工具及材料（图 2-15）

嫁接工具主要包括各种刀具（如修枝剪、芽接刀、单面刀片、手锯等），要求钢质好，刀口锋利；材料则主要有绑扎用塑料条、纱布、蜡等。

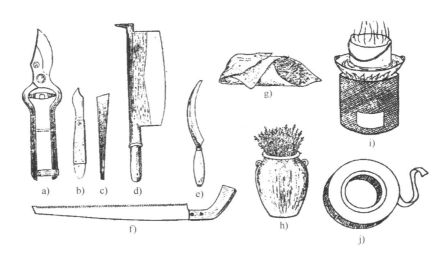

图 2-15 嫁接工具及材料

a）修枝剪　b）芽接刀　c）枝接刀　d）大砍刀　e）弯刀　f）手锯　g）包接穗湿布
h）盛接穗的水罐　i）溶化接蜡的火炉　j）绑扎用的材料

（六）嫁接后的管理

1. 挂牌

挂牌的目的是防止嫁接苗品种混杂，以便生产出品种纯正、规格高的优质壮苗。

2. 检查成活率

对于生长季的芽接，接后 7~15 天即可检查成活率。如果带有叶柄，只要用手轻轻一碰，叶柄即脱落的，表示已成活；若叶柄干枯不落或已发黑的，表示嫁接未成活。

3. 解除绑缚物

生长季节接后需立即萌发的芽接和嫩枝接，结合检查成活率要及时解除绑扎物，以免接穗发育受到抑制。

4. 剪砧抹芽

剪砧是指在嫁接育苗时，剪除接穗上方砧木部分的一项措施。枝接中的腹接、靠接和芽接的大部分方法，需要剪砧。同时要抹去砧木上萌发的枝芽，以利接穗萌芽生长。

【思考题】

嫁接的原理和影响嫁接成活的因素有哪些？

三、分生繁殖技术

【思考题】

植物的哪些部位可以用做分生繁殖的材料？

（一）分生繁殖的概念及特点

分生繁殖是人为地将植物体分生出来的幼植物体（如吸芽、珠芽等）或者植物营养器官的一部分（如走茎、变态茎等）与母株分离或分割，另行栽植而形成独立生活新植株的繁殖方法。

分生繁殖的特点主要表现在新植株能保持母株的遗传性状，繁殖方法简便，容易成活，成苗较快；但繁殖系数低于播种繁殖。

（二）分生繁殖的类型

根据分生繁殖所利用营养器官的不同，将其分为如下类型：

1. 分株繁殖

将根际或地下茎发生的萌蘖切下栽植，形成独立的植株，如春兰、玉簪等。栽培上可以采用砍伤根部促其分生根蘖以增加繁殖系数的方法。

2. 吸芽繁殖

吸芽是某些植物根际或地上茎叶腋间自然发生的短缩、肥厚呈莲座状的短枝，其下部可自然生根，可与母株分离后另行栽植。如芦荟、景天等在根际处常着生吸芽，凤梨的地上茎叶腋间也生吸芽。

3. 珠芽和零余子

珠芽和零余子是某些植物具有的特殊形式的芽。生于叶腋间，呈鳞茎状的芽称为珠芽，如观赏葱类；生于叶腋间，呈块茎状的芽，称为零余子，如薯蓣类。珠芽和零余子脱离母株后自然落地即可生根。

4. 走茎繁殖

走茎繁殖是指自叶丛抽生出来的节间较长的茎，节上着生叶、花和不定根，也能产生幼小植株，分离小植株另行栽植即可形成新株，如虎耳草、吊兰等。

5. 根茎繁殖

根茎是一些多年生花卉的地下茎，肥大呈粗而长的根状，并贮藏营养物质，节上常形成不定根，并发生侧芽而分枝，继而形成新的株丛，如美人蕉、香蒲、紫菀、虎尾兰。

6. 球茎繁殖

球茎是地下变态茎，短缩肥厚近球状，贮藏营养物质。老球茎萌发后在基部形成新球，新球旁常生子球。球茎可供繁殖用，或分切数块，每块具芽，可另行栽植。生产中可将母株产生的新球和小球分离另行栽植，如唐菖蒲、慈姑。

7. 鳞茎繁殖

鳞茎是变态的地下茎，有鳞茎盘，贮藏丰富的营养。鳞茎顶芽常抽生真叶和花序；鳞叶间可发生腋芽，每年可从腋芽中形成一至数个鳞茎。栽培上可从老鳞茎旁分离后重新种植，即成新的植株，如水仙、郁金香。

8. 块茎繁殖

块茎是多年生花卉的地下茎，外形不一，多近于块状，贮藏营养，根系自块茎底部发生，块茎顶端通常具有几个发芽点，表面有芽眼可生侧芽，如马铃薯多用分切块茎繁殖。

四、压条繁殖技术

（一）概念及特点

将植物的枝条和茎蔓埋压土中，或在树上将欲压的部分用土或其他基质包裹，使之生根后再割离，成为独立的新植株，这种方法称为压条繁殖。压条繁殖常用于木本花卉的繁殖，如月季、米兰等。其优点主要表现为繁殖速度快，可以在短时间内大批量地培育出所需要的植物新个体，并且可以防止植物病毒的危害；但同时也有费时、繁殖效率较低的局限性。一般只有当无法用种子或扦插繁殖时，才使用压条繁殖。

（二）操作时间

压条时间因植物种类和当地气候条件而异。一般落叶植物的压条适期多在冬季休眠期，或在早春 2—4 月刚开始生长时；秋季 8 月以后，也可进行压条，因为此时枝条已发育成熟，枝条内养分充足，最容易发根。常绿植物则以雨季为宜，因为此时压条容易生根，并有充分的生长时期，可以满足压条的伤口愈合、发根和生长。

（三）压条方法

常见的压条方法主要有低压法和高压法（空中压条法）两种。

1. 低压法

低压法又称为地压法，是最常用的压条法，适用于枝条离地面近，并易弯曲的花卉。方法是早春植株生长前，选择母株近地面的一、二年生长健壮的枝条，在准备生根处进行刻伤或环状剥皮，弯曲埋入土中，沟深约 15~20cm。顶端露出地面，用钩状竹杈、树杈或铁丝等固定其位置。生根后自母株切离，成为独立的植株。

2. 高压法

高压法适用于木质坚硬不易弯曲的枝条，或树冠较高枝条无法压到地面的树种。高压法整个生长期都可进行，但以春季和雨季为好。一般在 3、4 月选直立健壮的二、三年生枝，也可在春季选用上一年生枝，或夏末在木质化枝上进行。方法是将枝条被压处（距基部 5~6cm 左右）进行环状剥皮，剥皮长度视被压部位枝条粗细而定。花灌木一般在节下剥去 1~1.5cm，注意刮净皮层，形成层，然后在环剥处包上保湿的生根材料，如苔藓、椰糠、锯木屑、稻草泥，外用塑料薄膜包扎牢。3~4个月后，待泥团中普遍有嫩根露出时，剪离母树。为了保持水分平衡，必须剪去大部分枝叶，并用水湿透泥团，再蘸泥浆，置于庇荫处保湿催根。一周后有更多嫩根长出，即可假植或定植。高压法成活率高，但易伤母株，大量应用有困难。

（四）压条后管理

压条以后必须保持土壤湿润，随时检查埋入土中的枝条是否露出地面，如已露出必须重压。对被压部位尽量不要触动，以免影响生根。分离压条时间，以根的生长情况为准，必须有良好的根群才可分割，一般春季压条要有 3~4 个月生根时间，待秋凉后切割。初分离的新植株应特别注意养护，结合整形适量剪除部分枝叶，及时栽植或上盆。栽后注意及时浇水、遮荫等工作。

【思考题】
压条繁殖的关键环节在哪里？

随堂练习

随堂练习 11

任务小结

花卉的无性繁殖方式有很多，针对具体花卉，应综合考虑操作的难易程度、繁殖系数、经济成本等因素，选择最佳繁殖方式。

【项目小结】
花卉的繁殖分为有性繁殖和无性繁殖两类。其中有性繁殖主要指种子繁殖，根据繁殖环境不同分为露地播种和温室穴盘育苗两种方式。现代花圃育苗主要采用后者。无性繁殖主要包括扦插、嫁接、分生和压条等方式，各有优缺点，需要根据不同植物综合考虑选择合适的繁殖方式。

讨论题
植物的繁殖方式很多，理论上所有的繁殖方式都适合所有植物，但在实际生产中，我们一般会根据植物本身的遗传特点、繁殖方式的技术难度、经济成本、繁殖系数高低等多方面综合考虑选择最适合的方式。请从实事求是、求真务实的角度谈谈你面对植物繁殖实践时是如何选择的。

项目3
花坛花卉栽培技术

任务 1　花坛花卉概述

🖐 主要内容

一、花坛花卉概念

【思考题】

什么样的花卉可以用于花坛装饰？

花坛花卉是指可应用于花坛的具有观赏价值的草本及部分木本植物，以草本花卉为主。花坛花卉通常植株低矮，枝叶密集；如果是观花花卉，则通常花期一致、花色艳丽，盛开时能表现丰富的群体美。

【思考题】

请列举20~30种常见的花坛花卉。

二、花坛花卉生产经济效益

【思考题】

从事花坛花卉生产的经济效益如何？

我国花坛花卉的生产最初是大城市周边的部分菜农，采用泥瓦盆、田土、有机肥和自留花种或宿根母本扦插进行传统生产，生产的种类通常为菊花、大丽花、一串红、万寿菊和金盏菊等，生产规模小，生产方式粗放。

随着经济的飞速发展和城市现代化水平的提高，国内一些大的公司积极引进国外优良的花坛花卉品种和先进的生产技术，花坛花卉的市场需求迅速增加，较高的花价和良好的生产利润推动了花坛花卉的大规模商品化生产和大规模的园林应用，迅速吸引了大量农户和公司加入到花坛花卉生产和种苗生产的行业。

虽然多数花坛花卉产品出圃的价格并不是很高，但由于规模的扩大和技术的进步，其成本也能严格控制。花坛花卉单盆的价格高低变化，虽然不像切花那样大起大落，但是价格差异仍是明显的，它主要受制于：

1）品种。品种不同，价格不同。受种子价格及生产周期长短的影响，奇缺品种和难生产的种类总是价高。

2）总产量与总需求。周围 300~500km 范围内生产的总产量如果高于总需求，那么价格势必下降；反之，则上扬。

3）产品质量。品质好的总是能比品质差的价高，或者同等价格条件下，总能先人一步售出。

4）稳定的客户群。稳定的客户往往能保证产品的销路以及获得相对较好的价格。

5）临时性的大型活动。频繁的临时性大型活动、会议不仅能促进花坛花卉的消费，而且有利于花价的稳定。

总之，从近年来的情况判断，花坛花卉的生产不仅单位面积产值远比其他作物高，而且从事花坛花卉生产的大部分农民年收益和增产增收能力也大大提高，专业生产的园艺公司其利润也相当可观。

三、常见花坛花卉

1. 矮牵牛（图 3-1）

茄科矮牵牛属多年生草本，常作一、二年生栽培。华东地区栽培需保护地越冬。矮牵牛是花坛花卉中色彩最为丰富的种类之一，有花坛"皇后"之美称，颜色包括红色、粉色、玫红、白色、紫色、蓝色、双色等（图 3-2），植株高度一般控制在 20~25cm。在品种选择上，虽然大花型的品种在晴天非常美观，但抗雨性、雨后恢复能力不及中花和小花型品种。矮牵牛性较喜温，稍耐寒，在干热的夏季开花繁茂；忌雨涝，雨水过多，叶子容易出现病害，而且少花，直接影响观赏效果；晴天的观赏效果特佳。

图 3-1　矮牵牛

图 3-2　矮牵牛不同颜色

2. 三色堇（图 3-3）

堇菜科堇菜属，多年生草本，常作二年生栽培，在保护地条件下生产，可用于元旦、春节花坛、花境。三色堇植株高度一般在 15~20cm 之间。因为三色堇具备一定的耐寒、耐热能力，花期长，可持续至"五一"节前夕，不存在早期抽苔、叶片腐烂等现象，又能耐低温，所以在长江中下游地区，三色堇在冬季花坛花卉生产中占据着相当重要的位置。

图 3-3　三色堇

3. 一串红（图 3-4）

唇形科鼠尾草属，一年生草本，株高一般都在 20~35cm 之间，广泛用于花坛、盆栽观赏。喜光，喜温暖，较耐高温，但盛夏气温过高时生长发育转弱，30℃以上生长迟缓，植株和开花会有不良表现。10℃以下叶片泛黄、脱落，5℃以下便会受冻害。

4. 鸡冠花（图 3-5）

苋科青葙属一年生草本花卉，现用于大规模商品生产的鸡冠花在生产上多用种子繁殖。花葶分为两大类，一类为冠状或头状，另一类为羽状，植株一般在 20~45cm 之间。喜干热温暖气候，喜强光，能耐高温，不耐低温，15℃以下叶片泛黄，5℃以下会受冻害。

图 3-4　一串红

图 3-5　鸡冠花

5. 百日草（图 3-6）

菊科百日草属植物，原产于南北美洲（以墨西哥为中心），通常作一年生栽培。应用于生产的主要品种有大花重瓣型和中花单瓣型。其可选颜色有红色、玫红色、粉红色、黄色、白色、橙色等。百日草各品种之间高度虽有差异，但一般控制在 20~30cm 之间。既适合于花坛、花境中使用，在艺术摆花中也是一种极好的材料。喜光、喜温，较喜湿润，又能耐一定干旱，性强健，栽培土壤要求疏松、肥沃。土壤瘠薄，过于干旱，将直接影响花朵的数量、重瓣率、花色、花径大小。

图 3-6　百日草

6. 报春花（图 3-7）

报春花科报春花属植物，原产于中国，通常作两年生花卉栽培，用于冬春季供花上市。在长江流域大面积地用于冬春季花坛布置，除此还用于盆花栽培，作为年宵花卉供应市场。喜排水良好的土壤，耐寒性不强。

图 3-7　报春花

7. 半支莲（图 3-8）

马齿苋科马齿苋属植物，原产于巴西，通常作一年生花卉栽培。另有重瓣品种，也非常受欢迎。喜温暖而不耐寒，喜强光，耐干旱和瘠薄土壤。

8. 波斯菊（图 3-9）

菊科秋英属植物，原产于墨西哥，通常作一年生栽培。茎细而直立，分枝性好，夏季开花，原种株形高大，可达 1m 以上。园艺品种丰富，有很多矮生品种。地栽株高 50~60cm，花大，花径 7~10cm。不耐霜冻，忌酷暑潮湿。

图 3-8　半支莲

图 3-9　波斯菊

9. 彩叶草（图 3-10）

唇形科鞘蕊花属植物，原产于爪哇。多年生草本，作一、二年生栽培，株高 25~30cm，颜色有金色、翡翠绿色、玫瑰红色、红色天鹅绒、绯红色等。喜高温、湿润、阳光充足，土壤要求疏松肥沃，耐半阴地，忌干旱，耐寒力弱，适宜生长温度为 15~35℃，10℃以下叶面易枯黄脱落，5℃以下枯死。

图 3-10　彩叶草

10. 长春花（图 3-11）

夹竹桃科长春花属植物，原产于南亚、非洲东部及美洲热带。多年生草本，花色众多，各系列植株高度虽然各不相同，但一般都在 20~30cm 之间。常用作花坛、盆栽等。喜强光，喜温暖，也能耐阴。生长适宜温度 15~35℃，低于 15℃停止生长，10℃以下叶片泛黄、脱落，5℃以下便会受冻害。

11. 雏菊（图 3-12）

菊科雏菊属植物，原产于欧洲至西亚。多年生草本，常作二年生栽培。株高 10~20cm，花期 12 月到次年 5 月，主要有红色、白色、混色、粉红色、玫瑰色等颜色。喜冷凉、湿润，较耐寒，在 3~4℃的条件下可露地越冬，要求富含腐殖质、肥沃、排水良好的砂质壤土。

图 3-11　长春花

12. 桂竹香（图 3-13）

十字花科桂竹香属植物，原产于欧洲南部。二年或多年生草本植物，高 20~70cm。春季花坛布置。喜阳光充足，喜肥，耐寒，忌热，怕涝，宜生长于排水良好的土壤。

图 3-12　雏菊

图 3-13　桂竹香

13. 猴面花（图 3-14）

玄参科沟酸浆属植物，原产于北美、智利。多年生草本，作一年生栽培。高约 30cm，茎粗壮中空，花色多样，交替开花花期很长。性喜凉爽、湿润和阳光充足环境，夏忌炎热，忌积水，喜冷凉气候，较耐寒但不能受冻害。生长适温 25℃左右。

14. 藿香蓟（图 3-15）

菊科藿香蓟属，原产于美洲热带。多年生草本，常作二年生栽培。花小而丛生，头状花序密生枝顶。株形整齐，园林效果好，是花坛和镶边用花的常用品种，也适合作盆花。耐修剪，剪后可再次开花。短日照植物，喜光，耐半阴，不耐寒，遇酷暑生长缓慢，适应性强。

图 3-14　猴面花

图 3-15　藿香蓟

15. 金莲花（旱金莲）（图 3-16）

旱金莲科旱金莲属植物，原产于南美。喜凉爽，但不畏寒，能耐 0℃低温。叶圆形，似荷叶，蔓生性好，花繁多，橙黄色靓丽，除了用于花坛布置外，还适合盆栽或吊篮栽培。

16. 金鱼草（图 3-17）

玄参科金鱼草属植物，原产于南欧、地中海沿岸及北非。常用作春季花坛布置和盆栽。不耐寒，5℃以下停止生长，0℃以下受冻害，不耐高温。

图 3-16　旱金莲

17. 万寿菊（图 3-18）

菊科万寿菊属植物，原产于墨西哥及美洲地区。一年生草本，品种众多，矮型（株高 20~30cm）品种常作盆栽；中型（株高 30~40cm）品种常作盆栽、地栽，常用于冷凉季节，夏季生产应注意控制株高；高型（株高 70~100cm）品种常作切花及花坛花卉。颜色有黄色、橙色、金色。暖季型植物，喜强光、温暖，能耐高温，但在盛夏气温高、长日照时种植，宜采用生长调节剂控制植株高度。耐瘠薄土壤，耐移栽，病虫害少，但以肥沃、深厚、富含腐殖质、中性偏碱、排水良好的砂质壤土为宜。

图 3-17 金鱼草

图 3-18 万寿菊

18. 孔雀草（图 3-19）

菊科万寿菊属植物，原产于墨西哥。一年生草本，品种较多，株高一般 15~30cm，喜强光，温暖，耐高温不耐寒，夏季抗雨涝性较万寿菊强。适应性强，耐粗放管理。

图 3-19 孔雀草

19. 六倍利（图 3-20）

桔梗科半边莲属植物，原产于美国。冬季种植，春季或秋季开花。花色丰富，适合花坛镶边和较低的绿篱用，株形适合吊篮摆放。喜冷凉不耐热。

20. 紫罗兰（图 3-21）

十字花科紫罗兰属植物，原产于欧洲地中海沿岸。总状花序非常壮观，以前常用作切花栽培，现在矮生品种也普遍用于花坛布置。喜光、喜凉爽气候和通风良好环境，忌燥热。冬季喜温和气候，但也能耐短暂的 −5℃低温。喜疏松肥沃、土层深厚、排水良好的土壤。

图 3-20　六倍利

图 3-21　紫罗兰

21. 美女樱（图 3-22）

马鞭草科马鞭草属植物，原产于巴西、秘鲁及乌拉圭等地。花小但多，春秋效果佳。在夏季炎热多雨地区，植株易患病退化。不耐寒，不耐热。

22. 美人蕉（图 3-23）

美人蕉科美人蕉属植物，原产于北美。喜温暖湿润气候，在全年气温高于 16℃ 的环境下，可终年生长开花。当气温低于 7℃ 时地上部分受寒害，地下根茎在土温低于 7℃ 时也受寒害。喜疏松肥沃、排水良好的土壤，具有一定的耐涝能力。性喜阳光，也耐半阴。

图 3-22　美女樱

图 3-23　美人蕉

23. 南非万寿菊（图 3-24）

菊科骨子菊属，原产于南非，多年生草本花卉，作一、二年生栽培。矮生种株高 20~30cm，无论作为盆花案头观赏还是早春园林绿化，都是不可多得的花材。喜阳，中等耐寒，可忍耐 −5~3℃ 的低温。耐干旱，喜疏松肥沃的砂质壤土。在湿润、冷凉、通风良好的环境中生长良好。

24. 千日红（图 3-25）

苋科千日红属植物，原产于印度。夏季开花，喜炎热干燥气候，不耐霜冻，耐热耐旱，适宜夏季用花。

图 3-24　南非万寿菊

图 3-25　千日红

25. 石竹（图 3-26）

石竹科石竹属植物，原产于中国。多年生草本，常作二年生栽培，植株高度通过控制，一般在 20~30cm 之间，是很好的花坛花卉。耐寒性较强，喜肥和阳光，在肥沃的砂质壤土中生长最为适宜，高温高湿生长较弱，有四季开花的品种，但越夏问题比较难解决。

26. 四季海棠（图 3-27）

秋海棠科秋海棠属植物，原产于巴西。多年生草本，常作一、二年生栽培。目前常用的品种主要有绿叶和红铜叶两大类。株高一般 15~30cm，在花坛应用中常用作镶边材料，另外也可盆栽观赏。喜温暖湿润气候，不耐高温、低温和干旱环境。

图 3-26　石竹

图 3-27　四季海棠

27. 松果菊（图 3-28）

菊科松果菊属植物，原产于美国中部地区。宿根花卉，株高 70~100cm，花径可达 10cm，可作花坛的背景植物。耐寒（−5℃以上），半阴性。

28. 向日葵（图 3-29）

菊科向日葵属植物，原产于拉丁美洲、墨西哥一带。花色有红色、黄色、橙色等。向日葵的花为头状花序，着生在茎的顶端，俗称花盘。常作一年生栽培。原始种株高可达 1m 以上，作为经济作物栽培。园艺品种很多，尤其是矮生型品种株高不超过 50cm，被广泛用于花坛布置和盆栽欣赏。有较强的耐盐性和抗旱性，耐热不耐寒。

图 3-28　松果菊

图 3-29　向日葵

29. 香雪球（图 3-30）

十字花科庭荠属植物，原产于地中海沿岸，常作两年生栽培，为小花型低矮植物，有香味，花色以红色、白色、紫色为主，用于冬春季花坛。由于植株低矮，株高通常为 15~30cm，所以是很好的花坛镶边材料和盆栽花卉。耐寒性很好，凉爽的环境有利于花色的保持。

30. 勋章菊（图 3-31）

菊科勋章菊属植物，原产于南非。一年生草本，在热带可以作多年生植物。适合作花坛用花、镶边、盆栽和组合栽培等。耐干旱和炎热，生长需要全日照。

图 3-30　香雪球

图 3-31　勋章菊

31. 雁来红（图 3-32）

苋科苋属植物，原产于亚洲热带。一年生草本，植株较高，一般有 90~150cm，入秋后上部新叶片转成红色或黄白色。喜湿润、向阳及通风环境，耐碱、耐旱，不耐霜冻，适应性强，不宜移栽。

32. 洋凤仙（图 3-33）

凤仙花科凤仙花属植物，原产于非洲热带东部。多年生草本，常用作一年生栽培。与我国常见的凤仙花不同，它的栽培品种与原生种相差较大。洋凤仙是欧美国家流行的盆栽花卉和花坛花卉，品种极为丰富，花色多。喜温暖湿润环境，不耐干旱和低温。

图 3-32 雁来红

图 3-33 洋凤仙

33. 羽衣甘蓝（图 3-34）

十字花科甘蓝属植物，原产于西欧。二年生草本花卉，株高 30cm，抽苔开花时达 150cm，耐寒，喜阳光，喜凉爽，喜肥喜水。市场上受欢迎的有皱叶品种、波浪叶品种、圆叶品种、裂叶品种等。一般羽衣甘蓝四月抽苔开花，六月种子成熟。自收种子变异度大，不宜再次种植。

34. 大花飞燕草（图 3-35）

毛茛科翠雀属多年生草本植物，多作两年生栽培。因其花形别致，酷似燕子，故名飞燕草。花径 4cm 左右，总状花序非常壮观，花期通常为春季。形态优雅，惹人喜爱。以前常用作切花栽培，现在也广泛用于花坛的中心植物或背景植物。耐旱，阳性，耐半阴，性强健，耐寒，喜冷凉气候，忌炎热。

图 3-34 羽衣甘蓝

图 3-35 大花飞燕草

35. 羽扇豆（图 3-36）

豆科羽扇豆属草本，常作两年生栽培，高可达 70cm。总状花序顶生，3—5 月开花，俗称鲁冰花，花序挺拔、丰硕，花色艳丽多彩，有白色、红色、蓝色、紫色等变化，而且花期长，可用于片植或在带状花坛群体配植，同时也是切花生产的好材料。较耐寒（−5℃以上），喜气候凉爽、阳光充足的地方，忌炎热，略耐阴，需肥沃、排水良好的砂质壤土。主根发达，须根少，不耐移植。耐旱，多雨、易涝地区和其他植物难以生长的酸性土壤中仍能生长；但石灰性土壤或排水不畅常致生长不良。可忍受0℃的气温，但温度低于–4℃时冻死；夏季酷热也抑制生长。

图3-36　羽扇豆

【思考题】

在你生活的城市，春夏秋冬各季节分别可选用哪些花卉作为花坛布置？

随堂练习

随堂练习12

任务小结

花坛花卉种类繁多，花色各异、株形变化大，习性、观赏期各有不同，在实际生产和应用中需慎重考虑，严格挑选。

任务2　常见花坛花卉育苗技术

主要内容

在花坛花卉的生产中，要真正获得较理想的经济效益，主管者制订切合实际的生产计划，掌握正确实用的技术尤其重要。否则，即使偶尔获得经济效益，但最终仍然会被竞争者淘汰。

【思考题】

想想如果你有一个花圃，现在准备开始运营，你如何来制订花圃的年度生产计划？

一、年度生产计划的制订

在进行正式生产以前，首先要制订生产计划，包括生产时间、生产规模、每个生产阶段的安排以及预期要达到的经济效果；然后根据生产计划、生产条件和对欲销往市场行情的考察，选择适合的花卉品种。要按照以最少的投入获得最好的经济效益的原则来进行这项工作。

选择合适的品种，除了考虑到当地市场的喜好之外，还必须详细了解每个品种的特性，如生长时间、育苗难度、上盆后的管理、株形和花期控制等。初次栽培，应做好充分的技术考察工作，最好是事先小规模试种，成功后再大规模种植。我国幅员辽阔，气候从南到北、从东到西变化较大；海拔高的地方和海拔低的地方差异也较明显，因而花坛花卉的栽培在不同的气候条件下有所不同，也是种植者要考虑的因素。

1. 确定生产品种和生产量

根据欲销往市场的喜好，详细分析每个品种的特性，如生长时间、育苗难度、管理难度、株形和花期控制等，再对照自己所具备的设施设备条件、技术高低程度确定生产品种和生产量。

2. 采购种子

生产者确定生产量后，初次可以按种子80%的发芽率和80%的成品率计算，采购种子量＝生产计划量÷80%的种子发芽率（高于80%的均可按80%计算，低于80%的则按实际计算）÷80%的成品率。已有实践经验数据的，可按经验数据计算。如果是按订单生产的，则至少应再加10%~20%的保险系数。简言之，凡按订单生产的，按订单交货数的两倍采购种子较为保险。

3. 制订生产计划（表3-1）

表3-1 年度花坛花卉生产计划

编号	产品	规格	生产月份安排											
			9	10	11	12	1	2	3	4	5	6	7	8
1	矮牵牛	12~13cm口径营养钵	播种	上营养钵				出售						
2	三色堇	12~13cm口径营养钵	播种	上营养钵		出售								
3	鸡冠花	12~13cm口径营养钵							播种	上营养钵	出售			
4	一串红	12~13cm口径营养钵							播种	上营养钵		出售		
5	孔雀草	12~13cm口径营养钵								播种	上营养钵	出售		
6	百日草	12~13cm口径营养钵								播种	上营养钵		出售	

二、育苗技术

播种是花坛花卉最常用的繁殖方法，籽播苗有许多优点，如生长势强、株形好、根系发达、寿命较长等。根据各地用花的需要，选择合适的播种时期，播种前应对种子进行发芽率检验，以便确定正确的播种量；当育苗量大时，这项工作尤其重要。由于大部分花坛花种子较小，所以播种宜采用较疏松的人工介质，采用平盘或者穴盘育苗。在播种前，介质要经过消毒处理，以清除介质中携带的微生物，保护种子不受介质中真菌和细菌的侵染。还要注意介质 pH 值和 EC 值的控制。大部分花坛花卉适宜 pH 值在 5.8~6.5 之间，适宜 EC 值在 0.5~0.75 之间。目前通常采用花卉生产公司出售的专用育苗介质或市场评价较好的品牌泥炭与珍珠岩、蛭石按照一定比例混合后生产。

目前园艺公司常用的种子繁殖主要有穴盘点播和撒播两种方式。点播适用于较大粒种子和丸粒化种子，而撒播则主要适用于小粒种子。撒播出苗后，通常也要移入穴盘进一步养护。穴盘育苗是现代花圃花坛花卉育苗的主要手段。规模化生产现在主要是采用自动化播种机或手持式播种机进行穴盘播种育苗，人工点播则由于工作效率和经济效益的原因基本不采用。

【思考题】
为什么现代花圃育苗普遍采用穴盘育苗方式？

（一）穴盘苗的优点

现代育苗多数采用穴盘育苗或称容器育苗，即采用各种容器并配合相应的机械化设备进行播种作业的育苗方法。由于其特有的优势和显著的经济效益已被越来越多的从业人员认可和接受，尤其是各类专业机械设备和适宜种子的开发利用，穴盘育苗已被广泛应用于花卉种苗生产中。穴盘育苗的优点主要体现在以下几个方面：

1）在填料、播种、催芽等过程中均可利用机械化完成，操作简便、快捷，适用于规模化生产。

2）种子分播均匀，出芽率高，成苗率高，可以大大节约种子数量。

3）增大育苗密度，便于集约化管理，提高温室利用率，降低生产成本。

4）穴盘中每穴内种苗相对独立，既减少相互间病虫害的传播，又减少小苗间营养的争夺，根系也能得到充分发育。

5）穴盘苗起苗方便、移栽简便，不损伤根系，移栽入土后缓苗期短，定植成活率高。

6）统一播种和管理，使小苗生长发育一致，提高种苗品质，有利于规模化生产。

7）轻基质、轻容器，便于存放和运输，实现种苗的市场化。这为花卉业扩大生产创造了很好的条件。

【思考题】
生产穴盘苗需要哪些设施设备及什么样的环境条件？

（二）穴盘育苗的设施设备与环境要求

1）温室。由于穴盘育苗对光、温、水等环境条件要求较高，因此穴盘育苗必须在温室、塑料大棚中进行。一般宜选用中、高档的玻璃温室或双层薄膜温室，并要求内部有加温、降温、遮阳、增湿等配套设备以及移动式苗床。

2）混料、填料设备。生产者可根据生产规模及育苗用穴盘的主要规格等因素，考虑选用不同类型的混料和填料设备。

3）灌溉设备。育苗温室中必须配置供水点，以便接水管及时喷洒苗盘。

4）播种机。用于规模化生产。

5）发芽室。控制发芽的环境，保证发芽率、发芽势。

6）其他设备。打孔器、覆料机、移苗机、传送带、穴盘（草花生产上常用 128 穴、200 穴、288 穴等）。

（三）穴盘育苗流程

为了理解方便，下面以人工点播的方式介绍穴盘育苗的流程。

1. 穴盘播种

（1）穴盘基质准备

1）拌介质。泥炭：珍珠岩：蛭石＝6：2：2，50% 甲基托布津可湿性粉剂 800 倍液。浇水至手握介质成团，手松开即散开。

2）装介质。将充分拌匀并浇好水的介质用小铁锹铲入穴盘。注意不要用手或铲子去压平介质面，而是轻轻抖动使表面平整即可。

（2）播种 每个穴盘孔穴里点一颗（图3-37），要求尽量把种子点于孔穴的中央位置，并且每个孔穴只点一颗，以防止浪费种子以及一个孔穴发多个幼苗影响生长。

（3）覆盖 大粒种子用珍珠岩覆盖（图3-38），小粒种子用细沙面土覆盖。根据种子大小，覆盖要均匀，厚薄适当。

图 3-37 穴盘点播

图 3-38 穴盘点播后覆盖

（4）浇水 用喷壶喷透水或自动化喷雾或者水槽浸水。

2. 穴盘苗的阶段性管理

（1）施肥、喷药 根据所种草花种类不同和幼苗生长阶段不同区别对待。

（2）光照及通风 随着幼苗的生长，光照需逐步增强，以使幼苗生长健壮。而通风主要是为了预防病害的发生。

（3）水分管理 根据幼苗的生长阶段和生长势区别对待。

（4）拼盘补苗 对前期种入穴盘的幼苗进行拼盘补苗。一般发芽率在 70%~80% 之间，并且小苗的大小也有差异。为了节约大棚空间和统一管理，需将穴盘中没有萌发的盘土用小勺子的柄挖去，补入新的穴盘苗。注意尽量让一个穴盘中苗的大小、生长势差不多，便于后期浇水、施肥或出售。

【思考题】

请大家思考一下如果要进行穴盘育苗，我们应该准备哪些材料和工具呢？

3. 矮牵牛的穴盘育苗

用于大规模商品生产的矮牵牛，一般采用种子繁殖。矮牵牛种子每克在 10000 粒左右，在长江中下游地区保护地条件下，一年四季均可播种育苗，但考虑用花条件限制及高温对开花的影响，一般花期控制在"五一"、国庆，所以播种时间为 10—11 月和 6—7 月。因种子过于细小，穴盘育苗须是丸粒化种子，可用 288 穴、128 穴、200 穴等规格穴盘。播种不能覆盖任何介质，否则会影响种子发芽。一般 4~7 天出苗。

花坛花卉育苗之二：
穴盘苗的管理

第一阶段：播后 3~5 天胚根展出期，温度 22~24℃。加盖两层 90% 遮荫网，确保种子发芽时的湿度。

第二阶段：继续保持介质适当的湿度，但不能过干，否则易产生"回苗"；也不能过湿，否则会影响根的发育，易产生病害。第一对真叶出现后，开始施用 50 倍的氮肥或 20-10-20 水溶性肥料，注意通风，阴天可适当揭去遮荫网，让种苗逐渐见光。

第三阶段：出现 2~3 对真叶，生长迅速。温度可降低到 18~20℃左右，每隔 7~10 天，可间施 0.1% 的尿素或 20-10-20 的水溶性肥料和氮-磷-钾为 15-15-15 的 0.1% 的复合肥（复合肥要求含氮、钾可高一些，磷的要求相对较低）或 14-0-14 的水溶性肥料。注意通风，防止病害产生，每隔一周左右喷施 50% 百菌清可湿性粉剂或 50% 甲基托布津可湿性粉剂（800~1000 倍液）。

第四阶段：根系已完好形成，出现 3 对真叶，温度、湿度、施肥要求同第三阶段，仍要注意通风、防病工作。

注意：由于矮牵牛的苗期较长，因此温度偏低、水分偏干或偏湿、施肥过量等均容易引起僵苗。

三、常见花坛花卉的育苗技术

1. 三色堇

三色堇种子每克在 600~1200 粒之间，采用保护地栽培，一般播种时间 7—10 月，6~10 天陆续出苗。

第一阶段：播后 6~10 天胚根展出，其余同矮牵牛。必须保证温度在 26℃以下。

第二阶段：第一片真叶出现（10~15 天），温度可适当调低至 17~24℃，促进幼苗生长。真叶长出两片后，可开始施以氮肥，早期喷施 1000 倍的 20-10-20 的水溶性肥料，一周左右喷药（50% 百菌清可湿性粉剂或 50% 甲基托布津可湿性粉剂 800~1000 倍液），以防止苗期猝倒病。阴天可适当揭去遮荫网，让种苗逐渐见光。

第三阶段：成苗期，可充分见光，保证气温不要超过 35℃以上，否则需遮荫以降温。用 14-0-14 的水溶性肥料（浓度从前期的 1000 倍可逐步增加到 500 倍），仍应做好通风工作，防治病害同前阶段发生。

第四阶段：根系已完好形成，有 5~6 片真叶，温度、湿度要求同第三阶段。适当控制水分，可以增加复合肥或 14-0-14 水溶性肥料的使用次数，加强通风，准备移栽上盆。

2. 一串红

一串红种子每克在 220~300 粒之间。在长江中下游地区保护地条件下，一年四季均可播种。"五一"、国庆等节日的用量较大，所以其播种时间以 12 月和 6 月为主。一般 5~10 天出芽。

第一阶段：播后 4~5 天胚根展出。温、湿度同前。

第二阶段：主根长至 1~2cm，长出第一片真叶。可开始施肥，以 1000 倍的 20-10-20 水溶性肥料为主。

第三阶段：种苗进入快速生长期。由于一串红对过高的 EC 值较敏感，因此可每隔 5~10 天交替施用 500~1000 倍的 20-10-20 和 14-0-14 水溶性肥料。可适当控制水分，促进根系生长。介质和环境温度可适当控制在 18℃左右。此阶段后期，植株根系可以长至 3~5cm，苗高也有 3~4cm，有 2~3 对真叶。

第四阶段：本阶段根系已完好地形成，有 3 对真叶，温度和湿度要求同第三阶段。适当控制水分，施用 500 倍的 14-0-14 水溶性肥料，加强通风，防止徒长。

3. 鸡冠花

鸡冠花种子每克在 1200~1600 粒之间。在长江中下游地区保护地条件下，春季和夏季可播种。花期从 4 月下旬开始到 11 月中旬，在夏季和国庆等节日期间的用量较大，所以其播种时间以 3—7 月为主。一般 4~7 天出苗。

第一阶段：播后 2~4 天胚根展出。温、湿度同前。

第二阶段：主根长至 2~3cm，长出第一片真叶。子叶展开后可开始施肥，以 1000 倍的 20-10-20 水溶性肥料为主。

第三阶段：进入快速生长期。适当控制水分，有利于根系的生长。每隔 5~7 天交替施用 500~1000 倍的 20-10-20 和 14-0-14 水溶性肥料。此阶段后期，植株根系可以长至 4~5cm，苗高也有 3~4cm，真叶 2~3 对。

第四阶段：本阶段根系已完好地形成，有 3 对真叶，温度和湿度要求同第三阶段。适当控制水分，施用 500 倍的 14-0-14 水溶性肥料，加强通风，防止徒长。

4. 百日草

百日草每克种子大花型在 125 粒左右，中花型在 300 粒左右，多花型在 1500 粒左右。用量最大的是在国庆节期间的花坛、摆花以及花境中，播种时间一般控制在 6—7 月为宜。播种介质采用较为疏松的人工介质，介质要求 pH 值为 5.8~6.2，EC 值为 0.75。经消毒处理后，播种介质温度保持 22~24℃，3~5 天即出苗。

第一阶段：播种后 3 天，胚根展出，介质湿润程度应相对干燥一点；过于湿润容易造成种子腐烂。但在此阶段保持种子四周的湿润和充足的氧分非常重要，播种后覆盖一层薄的粗片蛭石非常有利于种子发芽，覆盖厚度以不见种子为准。进行敞开式育苗的，必须加盖遮荫网，保证湿度、降低温度（在发芽室环境下进行播种的，可给予适当补光）。此阶段不需要施肥。

第二阶段：保持土壤相对湿润，不能过湿，也不能过干；过湿容易引起病害，过干会导致种苗萎蔫。此时主根长至 1~2cm，子叶展开，开始长出第一对真叶，小苗可逐步见光。可开始施肥，一般采用 1000 倍 20-10-20 的水溶性肥料，氮素能促进营养生长。

第三阶段：种苗进入快速生长期，应加强水分管理，进行从干到湿再到干的循环过程，这样有利于幼苗的根系生长，也能避免植株徒长。此阶段应注意病虫害防治，可适当追施 500~1000 倍的尿素或复合肥，复合肥种类可使用氮 - 磷 - 钾比例为 15-15-15（或根据市场供应情况，氮、钾含量可以稍高一些，磷含量可偏低）。若条件许可，介质和环境温度适当降低至 20℃左右，但在床播保护地条件下进行播种，很难进行温度控制，此阶段又需要全光照环境，否则容易引起小苗徒长。根据苗期长势，适当控制水分。注意大环境的通风，以防止病害产生。每隔一周左右喷施 50% 百菌清可湿性粉剂或 50% 甲基托布津可湿性粉剂 800~1000 倍。若在此阶段出现徒长，应马上喷 2000mg/L

的 B9 以控制高度。

第四阶段：根系已完好形成，有 3~4 对真叶时，如出现徒长，应立即喷施 B9 以控制高度，温度、湿度要求同第三阶段，肥料可提高到 500 倍，经过炼苗阶段，准备移栽上盆。

5. 彩叶草

彩叶草种子每克约 3500~4300 粒，在长江中下游地区保护地条件下，一年四季均可播种。由于受用花条件的限制，"五一"用花在 12 月份播种；国庆用花在 5 月份播种。播种宜采用较疏松的人工介质，采用床播、箱播，有条件可采用穴盘育苗。介质要求 pH 值为 6~7，EC 值为 0.25~0.75，经消毒处理，播种后保持介质温度 25~30℃，6~8 天出苗。

第一阶段：播种后 4~5 天胚根长出。为了保湿和防止翘根，播种后需覆盖一层介质，以不见种子为度。发芽时需要光照，不用施肥。

第二阶段：介质仍需要保持湿润，为了防止徒长，要避免过湿，增强光照。子叶完全展开后，可开始施肥，以浓度为 1000 倍的 20-10-20 水溶性肥料为主。

第三阶段：此阶段为种苗的快速生长期，每隔 3~4 天可施一次肥料，施肥浓度由 500~1000 倍水溶性肥料 20-10-20 与 14-0-14 交替施用。适当控制水分，加强通风，有利调节植株高度和促进根系生长，生长温度保持在 20℃ 左右。此阶段后期，植株根系可长至 4~6cm，苗高达 3cm，2 对真叶。

第四阶段：降低温度，减少养分，加强通风。此时施用 14-0-14 的水溶性肥料，浓度为 500 倍，使植株健壮，茎矮，适合移植。本阶段已形成良好的根系，有 3 对真叶。可考虑移植上盆。

6. 长春花

长春花种子每克在 700~750 粒之间。长春花是多年生草本植物，在条件适合的情况下，一年四季均可开花，但在长江流域因气候太冷，常作一年生栽培，播种时间主要集中在 1—4 月。播种宜采用较疏松的人工介质，可床播、箱播育苗，有条件的可采用穴盘育苗。介质要求 pH 值 5.8~6.2，EC 值 0.5~0.75，经消毒处理，播种后保持介质温度 22~25℃。

第一阶段：播种后 4~6 天胚根展出。初期保持育苗介质的湿润，不用施肥，温度保持在 25~26℃。长春花种子具有嫌光性，在黑暗条件下能较好地发芽，需要用粗蛭石或黑色薄膜轻微覆盖。

第二阶段：介质温度控制在 22~24℃，胚根一露出就要控制水分含量，介质稍干后浇水可以促进发芽，控制病害。此阶段需加强光照，使日照时间达到每天 12~18h，主根可长至 1~2cm，子叶展开，长出第一片真叶。土壤 pH 值控制在 5.5~5.8，EC 值小于 0.75。子叶充分展开后可开始施肥，施肥用 1000 倍的 14-0-14 和 20-10-20 水溶性肥料，每 7 天交替使用。这一阶段，在胚芽顶出介质后，子叶尚未展开时，应特别注意保持空气中的湿度，避免因空气过干而导致种皮不能脱落，特别是在温度较低时，更有可能发生。这一阶段约持续 7~10 天。

第三阶段：介质温度控制在 20~25℃，温度低于这一范围发病的概率会增大，生长减慢。介质要保持间干间湿，但不能缺水萎蔫。长春花需要温暖而干燥的环境，在这样的环境下有利于植株的根系发育。土壤 pH 值控制在 5.5~5.8，EC 值小于 1。施肥可每隔 5~7 天交替施用 500 倍的 20-10-20 和 14-0-14 水溶性肥料。这一阶段约持续 14~21 天。

第四阶段：介质温度控制在 18~20℃，当介质适当干透以后再浇水，施用 500 倍的 14-0-14 水溶性肥料，加强通风，防止徒长。这一阶段约持续 7 天。此后可以准备移植上盆。

7. 雏菊

雏菊种子很小，每克种子有 4900~6600 粒，多在 9 月份播种。长江流域一般在 7 月份下旬即开始播种，元旦为盛花期。播种选用疏松、透气的介质。介质经消毒处理，最好再用蛭石覆盖，薄薄一层，以不见种子为度。因雏菊种子很小，不宜点播，所以一般用撒播，当苗长有 2~3 片真叶即可移植一次。播种用介质 pH 值在 5.8~6.5 为宜，EC 值在 0.5~0.75 较适宜，播后保持 18~20℃的温度，80%~90%的湿度，5~8 天发芽。在江浙一带还可春播，但育苗长势和开花都不如秋播苗。所以一般不用春播。

第一阶段：播种后保持 18~22℃的温度和 80%~90%的湿度。5~8 天胚根长出。发芽后仍要保持介质的湿润，不需施肥，需要给予光照，但发芽时光照不能太强，仍要适当遮荫。在 7—8 月，中午前后仍要遮荫进行降温。

第二阶段：此阶段湿度在 70%~80%，能使其根扎入介质吸收养分供其子叶的伸展，温度控制在 16~20℃，等到第一对真叶展开即可开始施肥，以 1000 倍的 20-10-20 水溶性肥料为主。此阶段过后即可开始用 288 穴盘或 128 穴盘进行一次移植。

第三阶段：此阶段为苗的快速生长期，要防止介质过湿，以 500~1000 倍浓度的 20-10-20 和 14-0-14 的水溶性肥料交替施用。由于气温的高低和蒸腾的大小，一般 2~3 天浇一次液肥，而不再浇水。这是种苗生产中的一种较科学的水肥管理方法。当苗长有 2~3 对真叶，苗高 3~4cm，根系发育基本完全，即可进行下一阶段的炼苗。

第四阶段：此阶段苗的根系已长好，已有 3 对真叶。可考虑上盆前的炼苗过程。温度同上一阶段，湿度略有降低。此阶段水分控制尤其重要。施用 500 倍的 14-0-14 水溶性肥料，否则苗很容易徒长。所以要有充足的阳光，加强通风，控制温度和湿度，防止其徒长。

8. 孔雀草

孔雀草种子的每克粒数在 290~350 之间。在长江中下游地区的保护地条件下，一年四季均可播种。但由于用花条件的限制，以"五一"、国庆两个节日的用花量最大。又由于孔雀草的播种要求气温高于 15℃（或有加温保温条件），因此长江中下游一带的可播种期在 11 月至 8 月。气候暖和的南方可以一年四季播种，在北方则流行春播。如果是在早春育苗，应注意确保一定的生长温度，尽量避免生长停滞。播种宜采用较疏松的人工介质，床播、箱播育苗，有条件的可采用穴盘育苗。介质要求 pH 值在 6.0~6.2（稍高于其他品种），EC 值小于 0.75，经消毒处理，播种后用蛭石稍稍覆盖。孔雀草的发芽适温 22~24℃，发芽时间 5~8 天。

第一阶段：播种后 2~5 天露白（胚根显露）。孔雀草种子发芽无需光照，通常在播种后覆盖一层薄薄的介质，建议以粗片蛭石为好，这样既可以遮光，又可以保持育苗初期介质的湿润，但要防止过湿。温度保持在 22~26℃。

第二阶段：从胚根显露至子叶完全展开，约 7 天。一旦胚根显露，就要降低湿度，并要在介质略干后再浇水，以利于更好地发芽和根的生长。给予 4500~7000lx 的光照，并保持介质 pH 值在 6.0~6.2，EC 值小于 0.75，介质温度 20~21℃。如果所使用的介质不含有营养启动剂，则可以在子叶完全展开时施以 1000 倍的 14-0-14 水溶性肥料。

第三阶段：种苗快速生长期。孔雀草的种苗生长要防止湿度过高，所以在两次浇水之间要让介质干透，当然不能使介质过干而导致小苗枯萎。保持介质 pH 值在 6.0~6.2，EC 值小于 1.0，介质和环境温度可适当降低至 18℃。每隔 5~10 天时间交替施用 500~1000 倍的 20-10-20 和 14-0-14 水溶性肥料。如果介质温度低于 18℃，则避免施用硝酸铵。此阶段后期，植株根系可以长至 3~5cm，苗高也有 3~4cm，2~3 对真叶。

第四阶段：炼苗期。本阶段根系已形成完好，有 3 对真叶，温度可降低至 15℃，但最好不要低于 15℃。如果需要，此阶段可施以 500 倍的 14-0-14 水溶性肥料，但要避免施用硝酸铵。与第三阶段一样，在两次浇水之间要让介质干透，并加强通风，防止徒长。

9. 万寿菊

万寿菊种子每克约 260~380 粒。在长江中下游地区的保护地条件下，一年四季均可播种，但由于用花条件的限制，因此以"五一"、国庆两个节日的用花量为最大。由于万寿菊的播种要求气温高于 15℃（或有加温保温条件），因此长江中下游一带的播种期一般在 11 月至 6 月。气候暖和的南方可以一年四季播种；在北方则流行春播。如果是在 1—3 月育苗，应注意确保一定的生长温度，尽量避免生长停滞。播种宜采用较疏松的人工介质，床播、箱播育苗，有条件的可采用穴盘育苗。介质要求 pH 值在 6.0~6.5（稍高于其他品种），EC 值小于 0.75，需经消毒处理，播种后用蛭石稍稍覆盖。万寿菊的发芽适宜温度 22~24℃，发芽时间 5~8 天。

第一阶段：播种后 2~5 天露白（胚根显露）。万寿菊种子发芽无需光照，通常在播种后覆盖一层薄薄的介质，建议以粗片蛭石为好，这样既可以遮光，又可以保持育苗初期介质的湿润，但要防止过湿。温度保持在 22~26℃。

第二阶段：介质略干后再浇水，以利于更好地发芽和根的生长。给予 4500~7000lx 的光照，并保持介质 pH 值在 6.0~6.5，EC 值小于 0.75，介质温度 20~21℃。如果所使用的介质不含有营养启动剂，则可以在子叶完全展开时施以 1000 倍的 14-0-14 水溶性肥料。春夏播种的万寿菊，如果要求其开花早且整齐，则可以在发芽结束后给予 2 周的短日（每天的光照时间为 8h）处理。

第三阶段：种苗快速生长期。万寿菊的种苗生长要防止湿度过高，所以在两次浇水之间要让介质干透，当然不能使介质过干而导致小苗枯萎。保持介质 pH 值在 6.0~6.2，EC 值小于 1.0，介质和环境温度可适当降低至 18℃。每隔 5~10 天时间交替施用 500~1000 倍的 20-10-20 和 14-0-14 水溶性肥料，如果介质温度低于 18℃，则避免施用硝酸铵。此阶段后期，植株根系可以长至 3~5cm，苗高也有 3~4cm，2~3 对真叶。

第四阶段：炼苗期。本阶段根系形成完好，有 3 对真叶，温度可降低至 15℃，但最好不要低于 15℃，如果需要，此阶段可施以 500 倍的 14-0-14 水溶性肥料，但要避免施用硝酸铵。与第三阶段一样，在两次浇水之间要让介质干透，并加强通风，防止徒长。温度过低或者介质过干，小苗叶片会变为暗红，影响生长。

10. 向日葵

向日葵生育期的长短因品种、播期和栽培条件不同而有差异。大道系列向日葵是所有品种中收获最早的系列之一，一般从播种到收获只需 55 天。

第一阶段：播种后必须对种子进行覆盖，并保持介质湿润。播种在 288 穴盘中，其苗期为 3 周左右。从播种到胚根出现的这段时间里，介质温度应维持在 20~22℃，并且保持湿润，光照总时间须达到 3~5 天。

第二阶段：从胚根出现到第一片真叶长出的时段里，介质温度须控制在 18~20℃，EC 值应小于 0.5，保持介质中等湿度，不用施肥。此阶段大约持续 2~5 天。

第三阶段：从第一片真叶长出到长出 4~6 片真叶的时段里，介质温度须控制在 17~18℃，EC 值应小于 0.75，将 20-10-20 肥料和 14-0-14 肥料交替施用，浓度大约为 500~1000 倍，每周施肥一次。此阶段大约持续 10~12 天。

第四阶段：炼苗期。介质温度为 15~17℃，一周施肥一次，浓度为 500 倍，此阶段大约持续 2~3 天。

11. 石竹

石竹种子每克一般在 800~1200 粒左右。在长江中下游地区一般采用保护地栽培，虽然可以露地越冬，但长势不能满足花坛要求。一般播种时间选择在 9—11 月，可供应春节和"五一"花坛应用。播种宜采用较为疏松的人工介质，可采用床播、箱播或穴盘育苗，介质要求 pH 值为 3.8~6.2，EC 值为 0.5~0.75，经消毒处理，播种后保持介质温度 18~24℃，床播时，需避光遮荫，6~7 天出苗。

第一阶段：5~7 天胚根展出，播种后必须始终保持种子中等湿润，需覆盖粗蛭石，保证种子四周充分湿润，覆盖以不见种子为度。在保护地环境下播种，必须加盖双层遮荫网，一方面保证土壤湿润，另一方面种子发芽后，直接见光，容易造成根系生长不良。此阶段不需要施肥。若为春节供应花，播种时间一般提前至 9 月份，此时还会出现短时的高温天气，必须注意采取及时的降温措施，否则会严重影响种子发芽和幼苗的生长，一般要避免正午的太阳直射，加盖遮荫网或人工降温或使用湿帘降温。供应"五一"节的花卉生产，播种时间一般在 10 月以后，此时气温下降，种苗生产相对容易很多。

第二阶段：至第一片真叶出现（7~10 天），此阶段土壤适宜温度为 17~24℃，湿度中等即可，浇水前一般让土壤偏干时再浇，浇则浇透，并提供一定的光照，促进幼苗生长。真叶长出两片后，可开始施以氮肥，早期喷施尿素（浓度控制在 0.1% 以下）或 20-10-20 的水溶性肥料（浓度控制在 500 倍）。此阶段若遇气温较高时，应注意病虫为害和环境通风工作，防病应做到以防为主，定期喷药（用 50% 的百菌清可湿性粉剂或 50% 的甲基托布津可湿性粉剂 800~1000 倍进行防治），以防止苗期猝倒病。

第三阶段：成苗期，小苗生长迅速，床播的可先移植一次，移至穴苗盘或苗床均可，植株可充分见光；若气温超过 35℃ 以上，只需在中午太阳直射时，稍加遮荫以降温。水肥管理，除了追施尿素外，可适当增加复合肥（浓度控制在 0.1% 左右）或者 14-0-14 的水溶性肥料（浓度 500 倍）。肥料浓度不可过高，以免造成肥害。浇水前可先让土壤干透，但要保证植株叶片不出现萎蔫。此阶段仍应做好通风、防治病害的工作。

第四阶段：根系已完好形成，有 5~6 片真叶，温度、湿度要求同第三阶段，适当控制水分。可以增加复合肥或 14-0-14 水溶性肥料的使用次数，加强通风，经过炼苗阶段，准备移栽上盆。

12. 四季海棠

四季海棠种子每克在 70000~80000 粒之间。因为其种子特别细小，而且发芽时对湿度有特殊要求，所以它是播种育苗种苗生产难度最大、成功率极低的种类之一。四季海棠在保护地内可以全年播种，在长江中下游地区主要在春秋开花，非常适宜在"五一"、国庆群体摆放或花坛种植，也适宜作为盆栽观赏。"五一"节开花的四季海棠要求在 10 月上旬播种，有加温条件的可以推迟到 11 月中旬。赶国庆节开花的需要在 5 月中旬左右播种，夏季应注意降温遮荫。

第一阶段：从播种到胚根展出，大约 10 天。种子开始发芽时，介质温度要保持在 25℃ 左右，而且空气湿度要接近 100%。由于四季海棠种子特别细小，发芽要求高湿，因此保证介质的细粒均匀和较好的保湿能力显得非常重要。播种之前的介质准备要比较充分，建议采用泥炭和蛭石各 50% 配比，并经过消毒处理。介质要求 pH 值在 6.0~6.5 之间，EC 值小于 0.75。播种后不需要覆盖，建议穴盘上盖无纺布或玻璃等保湿，并经常观察介质表土的干湿，喷雾加湿。保持湿度的目的是让种子充分吸取水分并顺利伸展胚根。四季海棠发芽需要一定光照，如果在室内条件下发芽，建议提供一定光照；但不管在室内还是在室外，光照强度最好都不要超过 1000lx。

第二阶段：胚根伸展出来后，要求介质的湿度降低，胚根需要一定的氧气进行呼吸作用，但还需要湿度在80%左右。在这个阶段，四季海棠种子的胚轴伸长，并因胚根产生根系向下伸展而将子叶顶出。种子从播种到发芽看到子叶长出约需20~25天时间。子叶长出后，应将苗移到室温常态下，要求逐渐降低介质和空间湿度。子叶出现后，可以开始低浓度施肥，以1000倍的20-10-20水溶性肥料为主。

第三阶段：这个阶段是种苗快速生长期。真叶出来后，可以大胆控水，间湿可以使苗根系向下伸展，根系将更加壮实丰满。施肥浓度可以加大，建议每5~7天交替使用14-0-14和20-10-20的水溶性肥各500倍左右。此时的介质和空间温度要求降低，但不能长时间低于10℃，否则将会形成僵苗，进入半休眠状态。与其他种类相比，四季海棠的种苗快速生长期比较长，所以介质表面极易长青苔，需要注意水质以及肥料的正确施用。在此期间操作好坏是决定种苗是否成功的关键。从2片真叶长成到6片真叶，移苗就比较容易了。

第四阶段：这是最后的阶段，种苗根系已经成团，从穴孔下面可以看到白根伸出，真叶已有4片以上了，除了后期的种苗管理外，只需要做移苗的准备。这个时候有些品种会看到有花蕾形成，可以摘除花蕾以免消耗养分。

13. 洋凤仙

洋凤仙花期很长，四季可见，温室内可以全年播种。在长江中下游地区由于夏季高温，洋凤仙多用于春季花坛，因此其播种时间多在冬季。洋凤仙的种子大约在1700~2000粒/克，种子发芽需要一定的光照。发芽适温20~22℃，约8~15天可以发芽。播种用土应该用疏松透气的介质，可用泥炭土、蛭石、珍珠岩以6∶2∶2的比例配制而成，种子经消毒处理后播种，pH值控制在6.0~6.2之间，EC值小于0.75。

第一阶段：播种后大约4~5天出现胚根。这个阶段要求湿度较高，需要保持介质潮湿。发芽需要100lx的光照，建议覆盖一层薄薄的蛭石用以保湿。不宜施肥，注意保持恒定的发芽温度。

第二阶段：这个阶段的湿度要求稍稍减少，以便胚根可以更好地伸展并顺利"脱帽"（种子发芽后脱掉种皮）。洋凤仙的主根不明显，后期可以看到须根1~2cm。该阶段子叶展开并出现第一片真叶。这时可以少量施肥，以1000倍的20-10-20的水溶性肥料施用，最好与浇水结合起来。

第三阶段：这时种苗开始快速生长，但洋凤仙生长比较慢，因此这个阶段相对其他品种来说会长一些。每周交替施用500~700倍的20-10-20和14-0-14水溶性肥料。控制水分与施肥相结合，使介质间干间湿。生长环境还需要保持一定的空气湿度，但温度要降低一些，以更利于生长。当苗有3~6片真叶且根部已出现在穴孔底部时表示该阶段结束。

第四阶段：根系已经比较壮实，应控制水分进行炼苗，可以准备移栽或者出售种苗。加强通风，避免种苗徒长。

14. 羽衣甘蓝

羽衣甘蓝种子每克250~400粒。长江流域一般在立秋前后播种，主要用作元旦及春节用花。播种采用疏松透气保水的人工介质，采用保护地播种。主要防止暴雨及曝晒。介质要求pH值在6左右，EC值0.6左右，需要消毒处理。播种后保持苗床温度24℃左右，三天出芽，五天苗齐。

第一阶段：播种后两天胚根长出，此时要保持苗床的湿度，浇水要用雾状水喷湿苗床，防止曝晒及暴雨的袭击，不宜施肥。温度保持在24℃左右。

第二阶段：一般三天以后，子叶展开，主根可达2cm。此时要保持苗床的温度，给予一定的光照以防止高脚苗的产生。五天左右苗全部出齐，并长出真叶，根系长到4cm左右，苗高也有4cm。

此时可以适当地施水溶性薄肥（20-10-20，1000 倍）。

第三阶段：幼苗进入快速生长期，光照要充足，同时苗床也要保持一定的干燥，防止高脚苗及病害的产生，特别是红色品种。如果播种密度过大，这个时期可以间苗。可以交替使用 500 倍的 20-10-20 及 14-0-14 水溶性肥料，每周一次。

第四阶段：植株已经有 4~6 片真叶，要加强通风、补光照、控水分，防止植株徒长，促使苗健康。

15. 报春花

约 1150 粒 / 克，发芽最适温度 15~18℃，播种后要保持较高的湿度，最佳条件下需要的发芽天数 10~25 天。夏季播种温度不要超过 20℃，长江流域需在高山上育苗才能成功。

16. 半支莲

夏季开花，约 8400 粒 / 克，发芽最适温度 21~24℃，最佳条件下需要的发芽天数 7~10 天。

17. 波斯菊

125~180 粒 / 克，发芽需要黑暗条件，用粗蛭石进行覆盖，发芽最适温度 20~25℃，最佳条件下需要的发芽天数 5~7 天。

18. 桂竹香

秋冬播种，4—6 月开花，约 400 粒 / 克，发芽最适温度 18~25℃，最佳条件下需要的发芽天数 5~10 天。

19. 猴面花

约 800 粒 / 克，发芽适温 18~21℃，好光性种子，发芽天数 7~10 天。

20. 藿香蓟

每克 6600 粒，发芽阶段需光，覆盖少量蛭石来保持水分，发芽最适温度 24~25℃，在最适条件下需要 7 天发芽。

21. 金莲花（旱金莲）

春季或秋季开花，冬季种植，约 7 粒 / 克，发芽需要黑暗条件，用粗蛭石进行覆盖，发芽温度 18~21℃，最佳条件下需要的发芽天数 7~14 天。

22. 金鱼草

6000 粒 / 克，发芽阶段需要光照，种子不需要覆盖，发芽最适温度 21~24℃，最佳条件下需要的发芽天数 7~14 天。

23. 六倍利

约 35000 粒 / 克，发芽需要黑暗条件，用粗蛭石进行覆盖，发芽温度 24℃，最佳条件下需要的发芽天数 14~20 天。

24. 紫罗兰

夏季开花，不耐霜冻，约 630 粒 / 克，发芽阶段需要光照，种子不需要覆盖，发芽最适温度 18~21℃，最佳条件下需要的发芽天数 7~10 天。

25. 美女樱

约 420 粒 / 克，发芽阶段不需要光照，发芽最适温度 20~25℃，最佳条件下需要的发芽天数 10~20 天。

26. 美人蕉

春季播种，3~7 粒 / 克，嫌光性种子，发芽最适温度 21~24℃，最佳条件下需要的发芽天数

7~10 天。生育适温 10~30℃。

27. 南非万寿菊

约 80 粒 / 克，发芽温度 18~21℃，最佳条件下需要的发芽天数 7~10 天。

28. 千日红

约 360 粒 / 克，发芽需要黑暗条件，育苗时用粗蛭石进行覆盖，发芽最佳温度为 25℃，最佳条件下需要的发芽天数 10~14 天。

29. 松果菊

约 900 粒 /10mL，发芽最适温度 20℃左右，最佳温度下发芽天数 10~14 天。

30. 香雪球

每克种子约有 3150 粒，发芽阶段需光，可以让种子裸露或覆盖少量蛭石来保持水分。发芽最适温度 24~28℃，在最好的条件下需要的发芽天数 5~10 天。

31. 勋章菊

夏季开花，不耐霜冻，约 500 粒 / 克，发芽需要黑暗条件，用粗蛭石进行覆盖，发芽最适温度 21℃，最佳条件下需要的发芽天数 10~14 天。

32. 雁来红

每克约有 1800 粒，发芽需要黑暗条件，用粗蛭石进行覆盖，发芽温度 25℃，最佳条件下需要的发芽天数 7~10 天。

四、育苗失败的原因分析

种子质量问题是第一要素，此外还有如下因素会造成育苗失败：

1）使用了不合适的育苗介质。介质太肥或保水性太好造成种子在未发芽以前已经腐烂。

2）介质水分控制或者使用不当。使用了污塘水或井水也会造成种子腐烂及不出芽，因为播种期间为高温天气，缺水也会造成种子不出芽、回芽或幼苗枯死。

3）曝晒及过分遮荫也会形成苗的大量死亡。

4）暴雨的袭击会造成种子流失及掩埋。

5）育苗温度过低或过高。

6）施肥、喷药不当，产生肥害、药害。

7）种子颗粒大，被老鼠或鸟类侵食。

【思考题】

如果具备了上述所要求的所有设施设备，并且按照植物品种的习性要求进行了正确管理，可还是出现不发芽或幼苗不能正常生长，那是什么原因引起的呢？

📝 任务小结

一般穴盘苗可分为四个生长阶段。第一阶段：从播种到胚根长出；第二阶段：子叶展开到第一片真叶展开；第三阶段：快速生长期；第四阶段：炼苗期。从第一阶段到第四阶段，湿度逐渐降低，光照可以逐渐增大，肥料可以逐渐增重。各个种类具体要求有所区别，种植者可以根据不同阶段的苗对光照、温度、水分、空气湿度和养分等的不同要求加以管理。值得注意的是，从播种到胚根长出这一阶段尤其重要。不同的花卉种子有不同的发芽习性。例如，有些花卉发芽时对光照有要求（如一串红、鸡冠花）；有些则具有嫌光性（如长春花）；有些又对湿度要求很高（如四季海棠）。所以在播种以前，一定要对种子的发芽习性了如指掌，以确保生产的顺利进行。

任务 3　穴盘苗上盆及养护技术

穴盘苗上盆及养护
之一：上盆

 主要内容

一、穴盘苗的上盆技术

【思考题】
穴盘苗长到什么程度可以上营养钵养护？

1. 标准

根系将整个穴盘基质盘得很好（图 3-39）；从穴盘平面看上去，幼苗冠幅已经铺满整个穴盘，即可移植上盆（图 3-40）。

2. 上盆流程

1）配置。上盆基质泥炭 70%、珍珠岩 30%。

图 3-39　根系已经盘牢

图 3-40　冠幅已满穴盘

2）填盆土。将配置好并浇好水的基质用手或小铲子装入 10~13cm 口径的营养钵。营养钵大小根据冠幅来定，冠幅大、呈莲座状的花卉（如羽衣甘蓝）适当大些，冠幅小或直立性强的花卉（如鸡冠花、孔雀草等）适当小些。苗大、营养钵小影响美观，苗小、营养钵大成本增加。

3）起苗。将小苗从穴盘里连同基质一起拔出来，注意尽量不要伤害根系，操作时尽量不要让基质团散开，如图 3-41 所示。

4）种植。将小苗种入营养钵（图 3-42）。注意尽量种在中间，另外只需将基质摊平就好，不必使劲镇压。

图 3-41　起苗

图 3-42　种植

5）喷水。将基质和小苗浇透，淋湿，使得小苗与基质结合紧密并提高湿度，如图 3-43 所示。

图 3-43　浇定根水

穴盘苗上盆及养护
之二：养护

二、营养钵苗的养护

【思考题】

请大家参照前期穴盘苗的管理，思考一下营养钵苗的养护内容应该注意哪些方面？与穴盘苗相比，其管理措施有哪些异同？

1. 光照控制

绝大部分花坛花卉都喜光，光照充足还有利于防止植株徒长。但是光照强烈的夏季，需要避免直射阳光，晴天要遮荫降温。一些对光照长度敏感的花卉，还可以用控制光照时间的方法调节花期。长日照花卉（如瓜叶菊），其花芽形成后，长日照能防止其茎的伸长，促使其提早开花。而菊花等短日照花卉加以短日照处理也能够促使其提早开花。此外，也可用短日照花卉进行长日照处理，或长日照花卉进行短日照处理，以达到延迟开花的目的。

2. 温度控制

温度是花坛花生长中最为重要的因素。温度合适时，植物生长健康，株形良好。温度过高，对于二年生花卉，如三色堇、报春花、羽衣甘蓝、金盏菊等，如果是在酷热的长江流域夏季育苗，会造成育苗困难，需要在高山或者有良好降温设施的温室中才能较好地生长。温度过低，大多数一年生花卉霜降之后就会死亡，对于二年生花卉，5℃以下基本不会再生长。

一般花坛花植物适宜的育苗温度在18~25℃。适宜的生长温度，一年生花卉略高，为20~30℃；二年生花卉略低，15~25℃，不同种类又有一定的差异。值得一提的是，上盆后至开花前温度应逐渐降低，降低幅度因花卉品种而异。这样的温度控制对形成良好的株形是有利的，且开花后降低温度对延长花期也很有效，但在实际生产中可能难以达到此条件。一般来说，大部分花坛花卉只要在5℃以上就不会受冻害，10~30℃间可生长。对于冬季确实需要保温的花坛花品种，可视实际情况不同采用二道膜、小拱棚或加温机。

3. 通风管理

及时通风，使植株有一定的摆动，则可以减轻阴雨天气植株的徒长，也可以降低空气湿度，降低根部的水分含量，从而减少病害的发生。温度高时，通风还可以降低温度。

4. 水肥管理

水肥管理的关键是采用排水良好的介质，保持介质的湿润固然重要，但每次浇水前适当的干燥也是必要的（图3-44）。对于完全用人工介质栽培的大部分花坛花卉，施肥宜采用20-10-20和14-0-14的水溶性肥料，以300~500倍的浓度7~10天交替施用一次，显花蕾后追施高磷复合肥。在冬季气温较低时，要减少20-10-20肥的施用量。水溶性肥料的施用可采用肥料配比机，简便易行。如果是以普通土壤为介质的，则可以在介质装盆前用复合肥适量混合作基肥。当肥力不足时，再追施水溶性肥。

图3-44　水肥管理不当

5. 病虫害控制

花坛花的病害可分为两类：一类是由于栽培环境的介质、水源、气候等条件不适，人工操作不当或有害物质污染等引起的非侵染性病害，或称为生理性病害，如高温、低温、干旱、潮湿、弱光、强光、盐碱、尿素中毒、农药残留等原因引起的植物不良反应；另一类是侵染性病害，由病原生物（如真菌、细菌、病毒、线虫等）引起，它们繁殖力强，危害大，在一定的条件下会迅速扩展开来，如猝倒病、软腐病、灰霉病、花叶病等。防治病害主要从改善环境条件入手，去除有害物质，积极预防，有效防治。

总体来看，花坛花卉除蚜虫、菜蛾、蓑蛾、菜青虫等害虫为害之外，还有蜗牛、鼠类等。花坛花种类不同，危害轻重不一，通常选用高效低毒或药效期短的化学药剂防治。

6. 上盆后的管理

以矮牵牛为例，说明上盆后的管理。

（1）移植/上盆　有3~4对真叶时，即可移植上盆（图3-45~图3-47）；根据植株高度、株径要求，一般采用12cm×13cm的营养钵上盆，可一次到位，不用再进行换盆。

（2）光照调节　移植后几天加以遮荫、缓苗（图3-48），然后在整个生长期均不需要遮荫。气温高于30℃的中午需遮荫降温。

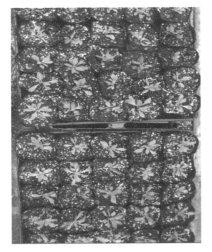

图 3-45　矮牵牛上盆苗

图 3-46　矮牵牛上盆 5 天后

图 3-47　矮牵牛上盆 10 天后

（3）温度调控　不要低于 15℃，温度过低会推迟开花，甚至不开花；若温度过低，应打开温室内保温系统和加温机增加室内温度，温度控制在 20℃左右最好；通常高于 25℃以上要考虑打开天窗、侧窗、湿帘、风机并拉上外遮阳系统等降温。

（4）水肥管理　浇水始终遵循不干不浇、浇则浇透的原则。勤施薄肥，选择水溶性肥 20-10-20 和 14-0-14 两种交替使用，根据生长情况 3~5 天施用一次，浓度在 300~500 倍。显花蕾后追施高磷复合肥。

图 3-48　摆放及缓苗

（5）整形修剪　夏季生产中因气温关系，一般主枝生长较快，需要摘心一次。切记打顶摘心时不可过低，只摘除顶芽即可，否则不利生长。

（6）病虫害防治　采用 50% 百菌清可湿性粉剂、50% 甲基托布津可湿性粉剂等 800~1000 倍，一周或十天左右喷一次。

（7）出圃质量　冬季生产的盆花，采用 12cm 的营养钵，冠幅一般在 20~25cm 之间，株形整齐、饱满，开花一致；夏季生产的盆花，采用 10cm 的营养钵，冠幅一般在 15~18cm 之间。矮牵牛可进行长途运输。

三、常见花坛花卉营养钵苗的上盆及养护

1. 三色堇

（1）移植/上盆　穴盘育苗有 6~7 枚真叶时，即可移植上盆；根据植株高度、株径要求，一般采用 10cm×12cm 的营养钵上盆，可一次到位，不用再换盆。

（2）光照调节　移植后几天加以遮荫、缓苗，在整个生长期均不需要遮荫。气温高于 30℃的中午需遮荫降温。

（3）温度调控　生长适温为 10~13℃。小苗的生长期降温非常重要，一定要保护地控温，另外加强通风，否则容易引起徒长和病害。

（4）水肥管理　浇水要适度，过湿容易造成茎部腐烂，多病害；过干容易造成植株萎蔫。在

10—11 月份气温已开始下降可以适当干燥，不会影响植物的正常生长，一般以植物叶片的轻度萎蔫为基准。勤施薄肥，生长期可用 20-10-20 和 14-0-14 的水溶性肥料间隔施用，浓度在 300~500 倍。显花蕾后追施高磷复合肥。冬季控制肥水，否则尿素过多，容易引起僵苗。

（5）病虫害防治　采用百菌清、甲基托布津等 800~1000 倍，一周或十天左右喷一次。

（6）出圃质量　生产采用 10cm×12cm 的营养钵，在第一朵花露色至盛花前即可出圃，冠幅一般应在 12~15cm 之间，株形较饱满，开花整齐、一致，耐运输。

2. 一串红

（1）移植 / 上盆　穴盘育苗的，有 4~5 对真叶时，即可移植上盆。根据植株高度、株径要求，一般采用 12cm×13cm 的营养钵上盆，可一次到位，不用再换盆。

（2）光照调节　移植后几天加以遮荫、缓苗。6—9 月晴天正午遮荫降温，其余时间均需充足光照。

（3）温度控制　5℃以上就不会受冻害，10~30℃间均可良好生长。夏季 35℃以上的高温时考虑打开天窗、侧窗、湿帘、风机并拉上外遮阳系统等降温。

（4）水肥管理　保持介质湿润，但每次浇水前适当的干燥也是必要的。施肥宜采用 20-10-20 和 14-0-14 肥料，浓度为 300~500 倍。显花蕾后追施高磷复合肥。

（5）整形修剪　矮生品种均不必摘心，大株形品种摘心一次或二次。第一次在 3~4 对真叶时；第二次新枝留 1~2 对真叶。如果第一次出花后未销售掉，还可以修剪一次，之后再栽培养护 3~5 周，虽然质量上有所下降，但如果机会把握得好，仍可获得收益。

（6）病虫害防治　普力克 800~1500 倍，百菌清 800~1000 倍，甲霜灵 1000~1500 倍定期喷洒。

（7）出圃质量　采用 12cm 的营养钵栽培。在露色至盛花前出圃，冠幅一般应在 20~25cm 之间，株形整齐、饱满，开花一致。一串红不耐长途运输，高温季节装车后最好不要超过 8h，低温季节也不要超过 16h。

3. 鸡冠花

（1）移植 / 上盆　穴盘育苗的，有 6~7 枚真叶时，即可移植上盆。根据植株高度、株径要求，一般采用 12cm×13cm 的营养钵上盆，可一次到位，不用再换盆。

（2）光照调节　移植后几天加以遮荫、缓苗。鸡冠花为阳性植物，生长期要求阳光充足，防止植株徒长，特别是在苗期更应注意加强光照。

（3）温度控制　温度控制可以和一串红同步，超过 35℃对植株的生长有影响，植株高度难以控制，且花穗容易畸形生长。

（4）水肥管理　水肥管理与一串红同步。

（5）整形修剪　一般品种的鸡冠花均不必摘心，但对某些品种可以打顶，通常在 3~4 对真叶时进行。如果为了株高控制，可采用矮壮素喷施的方法。移栽前，2~3 对真叶时喷 2~15mg/kg，后期看长势，移栽后 7~10 天再喷一次。第 3 次要看植物的长势，若控制好，就不用喷；若长势还很旺，就必须再喷一次。

（6）病虫害防治　普力克 800~1500 倍，百菌清 800~1000 倍，代森锰锌 1000~1500 倍进行定期喷洒。

（7）出圃质量　采用 12~13cm 口径的营养钵栽培。在出圃前，冠幅一般应在 15~22cm 之间，株形整齐、饱满，开花一致。鸡冠花可进行一定距离的长途运输，高温季节运输时间最好不要超过 24h，低温季节也不要超过 48h。

4. 百日草

（1）移植/上盆　穴盘育苗的，有2~3对真叶时，即可移植上盆；盘播、床播的，在3~4对真叶时也可直接上盆。根据植株高度、株径要求，一般采用12cm×13cm的营养钵上盆，可一次到位，不用再换盆。穴盘苗根系损坏少，移植容易成活；敞开式育苗的，起苗时应尽量多带泥，移植时间选择在傍晚或阴天进行，以提高成活率。

（2）光照调节　百日草为阳性植物，生长和开花均要求阳光充足，否则容易使茎节徒长，重瓣率降低，影响观赏效果。上盆后的整个生长期不需要遮荫。

（3）温度调控　百日草虽喜温，但在夏季酷热条件下，生长势稍弱，开花效果不理想，生长开花的最适温度为15~20℃。

（4）栽培管理　遇梅雨季节，雨水过多，容易造成节间伸长过快，应注意排除积水，适当时候喷施B9；夏季久晴少雨，过于干燥，容易造成生长势减弱，影响花色，此时应注意水肥管理。整个生长期间应适当控水，盆土间干间湿有利于根系发育和高度控制。盆栽施肥一般间隔7~10天一次，视生长情况可进行追肥，0.2%的尿素和复合肥间隔使用，一个月后停施尿素。开花后视生长情况，可适当延长复合肥的追施时间间隔。肥水不当、温度偏高或偏低可能会引起开花不良，重瓣率降低。因百日草的侧枝具有顶生着蕾开花习性，若不控制自然生长，着花部位会越来越高，影响株形美观。移栽前后适时摘心，控制株形。摘心一般保留2~3对真叶。百日草可以修剪，但修剪后长势较差，一般不采用此法。

（5）病虫害防治　百日草的病害主要是：苗期猝倒病、生长期青枯病、茎腐病、叶斑病；虫害主要有：夜蛾、红蜘蛛、菜青虫等。

（6）出圃质量　生产采用13cm的营养钵，在第一朵花露色至盛花前即可出圃，冠幅一般应在20~25cm之间，株形饱满，开花整齐、一致。

5. 彩叶草

（1）移植/上盆　刚长出第3对真叶就可移植上盆。用13cm口径的营养钵。若想栽培更大冠幅，可用15cm或18cm的盆子。如果是用开敞式育苗盘撒播育苗的，最好在长到1对真叶时，用72或128穴盘移苗一次，然后再移植上盆。

（2）光照调节　彩叶草为阳性植物，生长期要求阳光充足，这样有利于矮化植株，使叶片色彩更加鲜艳。在半阴环境中生长也较理想。

（3）温度控制　最理想的生长温度为20~25℃，低于15℃生长停滞，10℃以下叶片枯黄脱落，5℃以下枯死。夏季高温，正午前后强光时需要遮荫降温。

（4）水肥管理　生长期经常向叶面喷水，防止因旱脱叶。浇水时量要控制，以不使叶片凋萎为度。对于完全用人工介质栽培的，则施肥宜采用20-10-20和14-0-14水溶性肥料，浓度在300~500倍。显花蕾后追施高磷复合肥。盆栽选用壤土或腐殖土，用草木灰加少许过磷酸作基肥，生长期适当追施水溶性肥料。倘若氮肥过多再加上阴暗，会使叶色减退。

（5）株形控制　为了得到理想的株形，一般需要经过一次或两次摘心。第一次在3~4对真叶时；第二次新枝留1~2对真叶。花序抽出及时摘去。

（6）病虫害防治　彩叶草的病害主要是：苗期为猝倒病、叶斑病，生长期为叶斑病、灰霉病、茎腐病；虫害主要有蚜虫、蝗虫等。用72.2%普力克水剂600~800倍液或50%甲基托布津可湿性粉剂800倍液喷植株。

（7）出圃质量　植株生长健壮，叶色鲜艳，株形整齐，采用13cm的营养钵栽培，冠幅一般在

20~25cm。

6. 长春花

（1）移植 / 上盆　用穴盘育苗的，应在长至 2~3 对真叶时移植上盆。用 12cm 口径的营养钵，一次上盆到位，不再换盆。如果是用开敞式育苗盘撒播育苗的，最好在 1~2 对真叶时，用 72 穴盘或 128 穴盘移苗一次，然后再移植上盆。

（2）光照调节　长春花为阳性植物，生长、开花均要求阳光充足，光照充足还有利于防止植株徒长。冬季阳光不足，气温降低，不利于生长。

（3）温度控制　长春花对低温比较敏感，所以温度的控制很重要。在长江流域冬季一定要采用保护地栽培，低于 15℃ 以后停止生长，低于 5℃ 会受冻害。由于长春花比较耐高温，所以在长江流域及华南地区经常在夏季和国庆节等高温季节应用。

（4）水肥管理　长春花雨淋后植株易腐烂，降雨多的地方需大棚种植，介质需排水良好；对于完全用人工栽培的，则施肥宜采用 20-10-20 和 14-0-14 的水溶性肥料，浓度为 300~500 倍。显花蕾后追施高磷复合肥。如果是用普通土壤为介质的，则可以用复合肥在介质装盆前适量混合作基肥。当肥力不足时，再追施水溶性肥料。

（5）栽培管理　长春花可以不摘心，但为了获得良好的株形，需要摘心 1~2 次。第一次在 3~4 对真叶时；第二次新枝留 1~2 对真叶。长春花是多年生草本植物，所以如果成品销售不出去，可以重新修剪，等有客户需要时，再培育出理想的高度和株形。栽培过程中，一般可以用调节剂，但不能施用多效唑。

（6）病虫害防治　长春花植株本身有毒，所以比较抗病虫害。苗期的病害主要有：猝倒病、灰霉病等，另外要防止苗期肥害、药害的发生。如果发生的话，应立即用清水浇透，加强通风，将危害降低。虫害主要有：红蜘蛛、蚜虫、茶蛾等。长时间下雨对长春花非常不利，特别容易感病。在生产过程中不能淋雨。

（7）出圃质量　采用 12cm 的营养钵栽培。在露色时至盛花前出圃，冠幅一般应在 20~25cm 之间，株形整齐、饱满，开花一致。长春花较不耐长途运输，在高温季节装车后最好不要超过 24h，低温季节也不要超过 48h。

7. 雏菊

（1）移植 / 上盆　苗经过锻炼后即可上盆，此时苗已有 3 对真叶。如果用的是穴盘育苗，根系已经充满穴盘。上盆多用 12cm 口径的营养钵。上盆后不用再换盆。上盆时可加入复合肥充当基肥，上盆后及时浇透着根水。

（2）光照调节　雏菊喜阳光，包括在生长期和开花期。光照充分可促进植株的生长，叶色嫩绿，花量增加。

（3）温度控制　上盆后移至保护地越冬，可防止盆花在冬天受冻害。雏菊在 5℃ 以上可安全越冬，保持 18~22℃ 的温度对良好植株的形成是最适宜的，而在实际中很难做到。雏菊 10~25℃ 可正常开花；温度低于 10℃ 时，生长相对缓慢，株形减小，开花延迟；如温度高于 25℃，花茎会拉长，生长势及开花都会衰减。

（4）水肥管理　雏菊喜肥沃土壤，单靠其介质中的基肥是不能满足其生长需要的。所以每隔 7~10 天追一次肥，可用 20-10-20 和 14-0-14 的水溶性肥料，浓度为 300~500 倍。显花蕾后追施高磷复合肥。在浇水肥前应让介质稍干，湿润但不能潮湿。因其是基叶簇生，如不通风，基部叶片很容易腐烂，感染病菌。生长季节给予充足的水肥，长得既茂盛又可延长花期。

（5）栽培管理　雏菊较耐移植，移植可使其多发根。不需作株形修剪和打顶来控制花期。

（6）病虫害防治　雏菊的主要病害有苗期猝倒病、灰霉病、褐斑病、炭疽病、霜霉病（可用50%百菌清可湿性粉剂800倍液）；虫害有蚜虫等。

（7）出圃质量　雏菊花朵整齐，叶色翠绿可爱，是元旦和春节的重要花坛花之一。株形整齐，冠幅在8~15cm，有3~5支花以上就可出售。未销售的库存花，应将凋谢的花连茎秆除去，仍可以销售。在装车运输中损伤较少，较耐长途运输。

8. 孔雀草

（1）移植／上盆　用穴盘育苗的，应在长至2~3对真叶时移植上盆。用12cm口径的营养钵，一次上盆到位。如果是用开敞式育苗盘撒播育苗的，则要稀播，并在2~3对真叶时，直接移苗上盆。

（2）光照调节　孔雀草为阳性植物，生长、开花均要求阳光充足，光照充足还有利于防止植株徒长。但是在光照强烈的夏季中午，需要避免直射阳光，正午前后要遮荫降温。

（3）温度控制　上盆后温度可由22℃降至18℃，经过几周后可以降至15℃，开花前后可低至12~14℃，这样的温度对形成良好的株形是最理想的，但在实际生产中可能难以达到此条件。一般来讲，只要在5℃以上就不会被冻害，10~30℃间均可良好生长。

（4）水肥管理　水肥管理的关键是采用排水良好的介质，保持介质的湿润虽然重要，但每次浇水前适当的干燥是必要的。对于完全用人工介质栽培的，施肥宜采用20-10-20和14-0-14水溶性肥料，浓度300倍。显花蕾后追施高磷复合肥。

（5）病虫害防治　孔雀草的病虫害较少，但在温室生产中，前期生长时的蛾类幼虫会蚕食新叶，需要定期检查，一有发现就要喷药防治。注意孔雀草不能用代森类农药防治病害，该类农药容易引起植株变褐且生长不良。

（6）出圃质量　采用12cm的营养钵栽培。在露色时至盛花前出圃，冠幅一般应在20~25cm之间，株形整齐、饱满，开花一致。

9. 石竹

（1）移植／上盆　穴盘育苗的，有4~5片真叶时，即可移植上盆；床播的，在5~6片真叶时也可直接上盆。根据石竹规模化生产要求及本身的特性，一般采用12cm×13cm的营养钵上盆，可一次到位，不用再换盆。穴盘苗移植根系损坏少，容易成活；敞开式育苗，移植时间选择在傍晚或阴天进行，起苗时尽量多带泥，以提高成活率。

（2）光照调节　石竹为阳性植物，生长、开花均需要充足的光照。9月育苗期应注意避免正午太阳直射。第二阶段开始可以陆续给予光照，在小苗上盆后，应给予全光照的环境条件；光照不足容易引起营养生长旺盛，植株徒长，甚至影响开花时间。

（3）温度调控　石竹为二年生草本花卉，生长需求温度相对偏低，发芽适温为18~21℃，生长适温为10~13℃。若需供应春节用花，可以在大棚内进行生产，以达到一定的株径，但在棚内容易引起徒长，必须注意经常通风和适当的矮壮素控制高度。供应"五一"的花卉生产，可以采用前期大棚内生产，待气温有所回升后，再露地栽培。这样既可控制高度，又不影响开花时间。

（4）栽培管理　在保护地设施条件下生产，石竹的生长速度快。日常养护须注意水肥的控制，浇水要适度，过湿容易造成茎部腐烂，过干容易造成植株萎蔫。在10—11月份气温已开始下降，此阶段石竹可以忍耐一定的干燥，但不能影响植物的正常生长。一般等植物叶片轻度萎蔫后再浇水。

施肥应勤施薄肥，生长期可 0.2% 尿素和复合肥间隔施用，或者以浓度 300~500 倍的 20-10-20 和 14-0-14 水溶性肥料间隔施用，显花蕾后追施高磷复合肥。石竹在生产过程中可以通过摘心控制高度，但在一般的生产中不进行摘心。石竹比较耐修剪，若在春节销售失败，可以通过修剪，控制花期在"五一"开花，再次进行销售。

（5）病虫害防治　石竹的病害主要有苗期猝倒病、生长期茎腐病；虫害主要有菜青虫、蚜虫等。

（6）出圃质量　生产采用 12cm×13cm 的营养钵，在初花时至盛花前即可出圃，冠幅一般应在 20~25cm 之间，株形较饱满，开花整齐、一致，耐运输。

10. 四季海棠

（1）移栽 / 上盆　如果是平盆播种的，当有 2~3 片真叶时可以移到 128 穴盘。大约 12 周左右，苗有 4~6 片真叶时就可以考虑上盆了，可以采用 14cm 或 16cm 口径的花盆或营养钵。盆土要求疏松透气，可以以园土：泥炭：腐熟基肥为 5：4：1 的比例配制。四季海棠叶子和茎干较脆，移栽时注意轻拿轻放，避免碰断叶子或茎干，影响株形。

（2）光照调节　喜半阴环境，忌强光照，光照强度要求低于 25000lx，夏季遮荫应在 50% 以上；光照过强，叶色变暗，叶子容易枯焦。

（3）温度控制　生长适温为 15~18℃，气温在 10℃ 以下时停止生长，3℃ 以下时易受冻害。

（4）水肥管理　上盆后应浇一次透水，缓苗一周后开始施肥；如果是穴盆育苗，可以缩短缓苗时间。施肥可以结合浇水进行，薄肥勤施，可以采用 20-10-20 和 14-0-14 肥料 300 倍液交替施用，显蕾后增施高钾肥。浇水要讲究间干间湿的原则，有利于根系向下扎；浇水过多过勤，植株容易徒长，抗病性变差。

（5）栽培管理　四季海棠开花较早，可以摘掉不需要的花蕾以促进植株生长。由于绝大多数的品种都比较矮化，因此不需要摘心处理，一般情况下花芽自动封顶。当到花期末期，可以通过修剪来更换植株。四季海棠不能喷洒矮壮素类药物，对于该类药物残留比较敏感，易造成植株小且生长停滞。

（6）病虫害防治　四季海棠比较容易发生灰霉病，尤其在冬天，可用 50% 甲基托布津可湿性粉剂 800 倍液预防。生长期间会有蚜虫和红蜘蛛发生，此时喷施 2.5% 溴氰菊酯乳油 1500~2000 倍液防治。

（7）出圃质量　出圃时株形圆整，至少已遮盖盆面，而且部分花蕾已现。出圃搬运时注意不要碰断枝叶。

11. 万寿菊

（1）移植 / 上盆　用穴盘育苗的，应在 2~3 对真叶时移植上盆。用 12cm 口径的营养钵，一次上盆到位，不再换盆。如果是用开敞式育苗盘撒播育苗的，最好在 1~2 对真叶时，用 72 穴盘或 128 穴盘移苗一次，然后再移植上盆。

（2）光照调节　万寿菊为阳性植物，生长、开花均要求阳光充足，光照充足还有利防止植株徒长。在光照强烈温度高的季节和地区，正午前后要遮荫降温。

（3）温度控制　上盆后温度可由 22℃ 降至 18℃，经过几周后可以降至 15℃，开花前后可低至 12~14℃，这样的温度对形成良好的株形是最理想的，但在实际生产中可能难以达到此条件。一般来讲，只要 5℃ 以上就不会被冻害，10~30℃ 间均可良好生长。

（4）水肥管理　水肥管理的关键是采用排水良好的介质。保持介质的湿润虽然重要，但每次浇水前适当的干燥是必要的。对于完全用人工介质栽培的，施肥宜采用 20-10-20 和 14-0-14 水溶性肥料，显花蕾后追施高磷复合肥。如果是以普通土壤为介质的，则可以用复合肥在介质装盆前适量混合作基肥。肥力不足时，再追施水溶性肥。万寿菊跟孔雀草一样，介质 pH 值偏低，会引起铁、锰中毒而叶色发暗，严重时植株生长会停滞，影响观赏。

（5）株形控制　通常用以下方法控制植株高度：

1）生长调节剂的应用。

① 80% 的 B9（有效成分 80%）。两对真叶时喷施浓度为 2500 倍（即用约 2.9g 80% 的 B9 兑 1L 水），频率为一周一次；天气较热、种苗徒长或遮荫过度时可用 2500 倍叶面喷 2~3 次；天气较凉或植株较矮时，则在叶面喷 1 次即可。移植 7 天后喷浓度为 5000 倍的 B9（即约 5.9g 80% 的 B9 兑 1L 水），每隔 12~15 天施用一次，第一朵花出来即可停用。

② 0.4% 的多效唑。苗期：10~20 倍，即用 0.4% 的多效唑 2.5~5mL 兑 1L 水，喷洒。移苗后：30~60 倍，即用 0.4% 的多效唑 7.5~15mL 兑 1L 水，浇灌。多效唑的使用效果比 B9 强，应非常注意使用方法。

2）短日处理。即移出发芽室的头两周保持每天 8~9h 的光照处理，可使植株矮化。

3）摘心。国内用户种植万寿菊很少用生长调节剂和短日处理的方法控制植株高度，而是采用摘心，尤其是在万寿菊国庆用花种植时。摘心的结果是花头较多，株形更为丰满，但会推迟花期 10~15 天；早春栽培的万寿菊一般很少摘心。摘心通常在 3~4 对真叶时进行。

（6）病虫害防治　万寿菊的病虫害较少，但在温室生产中，常出现潜叶蝇。前期生长时的蛾类幼虫会蚕食新叶，需要定期检查，一有发现立即要喷药防治。红蜘蛛和蚜虫也会经常发生，而且会传染病毒和病菌，建议上盆时放置呋喃丹。万寿菊忌用代森类农药，否则植株变色，生长变缓。

（7）出圃质量　采用 12cm 的营养钵栽培。在露色时至盛花前出圃，冠幅一般应在 20~25cm 之间，株形整齐、饱满，开花一致。

12. 向日葵

（1）移栽 / 上盆　若用苗盘移栽的方式繁育，播种时应播在深的苗盘上，种苗在播后两周即可移栽。移苗的最适土温为 15℃。定植的密度最好为 8 株 /m²。在冬季无霜的地区，可在田间周年生长，而在冬天寒冷的地区，需要在温室保护地栽培。土壤在灭菌和播种之前要翻耕和疏松，以改良土壤的结构和排水性。良好的土壤通透性对向日葵的生长至关重要。

（2）光照调节　向日葵为短日照作物，它对日照的反应并不十分敏感。喜欢充足的阳光，其幼苗、叶片和花盘都有很强的向光性。苗期日照充足，幼苗健壮；生育中期日照充足，能促进茎叶生长和花芽分化。

（3）温度控制　向日葵原产于热带，但对温度的适应性较强，是一种喜温又耐寒的植物。向日葵种子耐低温能力很强，当地温稳定，2℃ 以上种子就开始萌动；4~5℃ 时，种子能发芽生根；地温达 8~10℃ 时，就能满足种子发芽出苗的需要。向日葵发芽的最适温度为 31~37℃。其生长时最适的白天温度是 18~30℃，夜温是 10~18℃。向日葵在整个生育过程中，只要温度不低于 10℃，就能正常生长。在适宜温度范围内，温度越高，发育越快。

（4）栽培管理

1）水分管理。播种和移栽时要求土壤湿润，之后要求土壤中等湿润。花朵成熟时，要减少浇水的次数和浇水量。向日葵植株高大，叶多而密，是耗水较多的作物。向日葵不同生育阶段对水分的要求差异很大。从播种到现蕾，比较抗旱，需水不多，而且适当干旱有利于根系生长，增强抗旱性。现蕾到开花是需水高峰，此期缺水对产花量影响很大；如过于干旱，需灌水补充。

2）土壤及施肥管理。向日葵生长最适的土壤 pH 值为 5.8~6.5。向日葵喜氮肥，可采用肥水混合的滴灌系统施肥，肥料可交替施用浓度为 500 倍水溶态的硝酸钙和硝酸钾，氨态氮可用于促进茎干的生长，现蕾后增施高钾肥。向日葵对土壤要求不严格，在各类土壤上均能生长，从肥沃土壤到瘠薄的土壤、旱地、盐碱地均可种植，有较强的耐盐碱和抗旱能力。

3）摘除顶端花苞。有利于侧枝的生长，使得侧枝花朵的大小均匀。经过这样的处理后，一个植株可采收 7~10 支可售花茎，茎长达 70~80cm，整株的高度可达 120~170cm。温室种植的向日葵生长得更高。向日葵的栽培要点是：调节昼夜温差，使用低营养启动肥，并且控水、控肥、控光，以控制植株生长。

（5）病虫害防治　蚜虫危害花苞，鳞翅目幼虫危害正在发育的胚芽，甲壳虫危害花瓣和萼片，可以喷施 5% 吡虫啉乳油 2000~3000 倍、50% 辛硫磷乳油 1000 倍液等除掉。病害包括锈病（盛行于高湿期）、茎腐病和白粉病，可以通过对介质的消毒、合理浇水、增加空气流通、间歇喷洒一些保护性杀菌剂等方法进行预防。染病后，必须先清除染病植株，然后喷洒百菌清、多菌灵等，但必须注意各种药剂用量、间隔次数和药剂之间的相容性。

（6）出圃质量　出圃时，株形丰满、圆整，冠幅盖满盆面。

13. 洋凤仙

（1）移栽 / 上盆　洋凤仙应该在穴盘中育苗，否则其根系发育比较慢。移栽时种苗有 4~6 片真叶，根系成团。通常可以上盆或移栽至 12cm 的营养钵中，一次到位。

（2）光照调节　洋凤仙生长时不耐强光照，尤其在夏季要遮荫，可以种植在树下阴凉处。

（3）温度控制　洋凤仙不耐高温和低温，在 15~25℃ 之间生长良好，夏季高温和冬季低温保护不当植株生长缓慢，甚至死亡。

（4）水肥管理　洋凤仙花茎肉质柔软，在缺水时会很快枯萎，即使种植在树下的植株也需要足量的供水和施肥，以避免与树的根系竞争。所有的洋凤仙品种在肥沃、潮湿的环境下生长良好，当然需要定期施入一定的水溶性肥料。施肥时采用 20-10-20 和 14-0-14 的水溶性肥料，显花蕾后追施高磷复合肥。夏季和冬季少施，尤其注意浓度减半。

（5）栽培管理　洋凤仙是容易养护的植物，在漂亮的株形形成中不需要收束和修剪，也不需要经常移动便能形成丰满的株形，开出新鲜亮丽的花朵。如果株形不佳，可以对植株进行修剪，半个月后就丰满起来了。

（6）病虫害防治　病虫害较少，主要在夏季和冬季易受灰霉病感染，除了加强通风外，可以施加 75% 百菌清可湿性粉剂 800~1000 倍液防治。蚜虫也会经常发生，需定期观察，一旦发生，可以施药防治。夏季高温时，干燥常使底叶发黄脱落影响株形。

（7）出圃质量　出圃时，洋凤仙应该株形丰满、圆整，30% 现花，从上面看不到介质。

14. 羽衣甘蓝

（1）水肥管理　羽衣甘蓝为需肥需水植物，因此介质的选择非常重要。一般选用疏松、透气、保水、保肥的几种介质的混合，可以适当加入鸡粪等有机肥作基肥。生长期施肥时一般采用 20-10-20 和 14-0-14 的水溶性肥料，显花蕾后追施高磷复合肥。

（2）栽培管理　花盆选用营养钵 14cm 以上，盆距 35cm 左右，可露天种植。无须摘心。羽衣甘蓝变色期在 10 月底至 11 月初，如果后期水肥过多，底肥过足，或进行不必要的保温，或自然气温过高，都会影响变色。

（3）病虫害防治　苗期病害多，上盆后虫害增加。苗期猝倒病，可用 75% 百菌清可湿性粉剂 800~1000 倍液或 75% 敌克松可湿性粉剂 500~1000 倍进行防治，而根腐病可用 50% 甲基托布津可湿性粉剂 800 倍液防治。虫害主要有蚜虫和菜青虫等，用 2.5% 溴氰菊酯乳油 1500~2000 倍液进行综合防治。

（4）出圃质量　出圃时，一般冠幅保持在 30~35cm，株形整齐，颜色均匀一致。

15. 报春花

（1）栽培　5—6 月播种，保持夜晚温度在 5~7℃，可以在 12 月或次年 1 月中旬开花，氮肥以硝态氮为主，也需要一定的钾肥。

（2）其余　参照三色堇。

16. 半支莲

（1）栽培　北方播种后 10 周开花，南方 8 周。3 月中旬播种，6—7 月可以开花，可以一直不断至霜降，是夏季和国庆的主要用花。

（2）其余　参照鸡冠花。

17. 波斯菊

（1）栽培　3—6 月播种，生长适温 20~28℃，播种后 9~12 周开花。种子发芽后生长很快，应加强管理；如需培养较大的株形，须进行摘心 1~2 次。也可早春温室播种，提前开花。

波斯菊没经过摘心处理如图 3-49 所示，摘心处理如图 3-50 所示。

图 3-49　波斯菊没经过摘心处理　　　　　　　　图 3-50　波斯菊摘心处理

（2）其余　参照矮牵牛。

18. 桂竹香

（1）栽培　性喜冷爽，怕热，宜石灰质土，易栽培。于9月上旬播于露地苗床，发芽迅速整齐，10月下旬移植一次。生长季节应控制水分，适当修剪和追肥。因不耐移栽，故应尽早起苗入温室越冬，早春定植，株距30cm。我国各地广为栽培，桂竹香为优良的早春花坛、花境材料，也可盆栽观赏，或作为草花，也可作切花。

（2）其余　参照石竹。

19. 猴面花

种子细小，宜用平盘或穴盘育苗，种子不须覆土，温室栽培通常秋播。2~3片真叶移植一次，待苗高10cm左右定植于花盆或以株距25cm植于花坛。养护期勤浇水和施肥，保持土壤潮湿和肥力充足。宜摘心促分枝，分枝多可陆续不断开花，花期达3~4个月。越冬适温10℃，能耐2℃低温，北方冬季可阳畦过冬；如果在温室过冬，可提早开花。花期春夏或夏秋，花色繁多，花繁茂，植株紧密，适于花坛栽种或用盆花作景观布置，热闹非凡，观赏效果好。

20. 藿香蓟

袋栽10~12周可以出售，盆栽12~14周。生长适宜温度15~18℃，可以用B9处理。早花植株矮小，耐干旱和瘠薄土壤。一般10月播种，次年3—4月开花；1月播种，4—5月开花；3月播种，6月开花。

21. 角堇

（1）栽培　角堇栽培与三色堇相似，生产过程中注意通风，防止阴雨天气徒长，温度高时需遮荫通风。温度低时忌用过多肥水，特别是尿素。防止矮壮素及其残留中毒。角堇开花早、花期长、色彩丰富，适合盆花、花坛及大型容器栽培，是布置早春花坛的优良材料，也可用于风景园林和花园地栽而形成独特的园林景观，还有家庭常用来盆栽观赏。

（2）其余　参照三色堇。

22. 金莲花（旱金莲）

（1）栽培　栽培管理简单，阳光充足的环境下，生长迅速，花、叶都具有观赏性。12月—次年4月播种，3—7月开花；6月播种，9—10月开花；适宜温度时生长快，扦插极易生根。

（2）其余　参照矮牵牛。

23. 金鱼草

（1）栽培　9—10月播种，次年3—5月开花；1月播种，5月底开花；7月高山育苗，9—10月开花。4~5对真叶时，摘心一次，可达到株形饱满的目的。

（2）其余　参照报春花。

24. 六倍利

（1）栽培　北方地区袋栽播种后11周出花，盆栽12周；南方袋栽10周，盆栽11周。

（2）其余　参照石竹。

25. 紫罗兰

生长适温5~15℃，花期长，是春季花坛主要用花之一。

26. 美女樱

9—10月播种，次年3—4月开花；5—6月播种，9—10月开花。摘心一次。腋芽3cm时，可用B9 500倍喷1~2次。

27. 美人蕉

热带玫瑰系列为种子繁殖的美人蕉品种，作一年生栽培。矮生，花径 7.5~10cm，株高 60~75cm。有红色、玫瑰红色、黄色、白色、鲜红色五个花色品种。春季播种后，80~85 天即可开花。

28. 南非万寿菊

播种从 9 月上旬至次年 1 月下旬，开花 1—5 月，花径 5cm，单瓣，花色丰富，分枝多，花朵密，株形矮，是春季早市盆花佳品。

29. 千日红

（1）栽培　栽培管理简单，在干旱和高温下仍然可以保持株形和花色，花期持续至霜期。一般 3 月播种，6 月开花至霜冻。

（2）其余　参照鸡冠花。

30. 松果菊

5—7 月播种，次年 4—10 月开花。播种后要保持充足的光照，温度稳定在 20~22℃之间，基质要保持湿润，但不能发生浸水现象。出芽后栽培温度要下调到 15~18℃，每周施用浓度为 500 倍的氮肥。第 3 对真叶长出时，应进行移栽，此后温度要降至 10~12℃，以促进根系生长。此时，每周使用浓度为 500 倍的硝酸钙溶液。

31. 香雪球

春季或秋季开花，冬季种植，可以直接播种在栽培袋或盆中，不需移栽。8~10 周后可以出售，可以耐 0℃低温。

32. 勋章菊

秋播 5~6 个月开花；春播 4~5 个月开花。10 月播，次年 3 月开花；6 月播，10 月开花。发芽期需要覆盖种子，生长温度 15~25℃。

33. 雁来红

在华东地区须在 7 月 10 日后播种。为控制株高，在生长旺盛期可施用 B9 或多效唑。雁来红可用于布置庭院、花坛、花境和作盆栽。

【思考题】

　　请试着分析一下营养钵苗在生长过程中出现徒长、株形散乱、开花少或不开花，可能是由于哪些原因造成的？如何弥补和挽救？

四、出圃和运输

花坛花在出圃前应少浇水，少施肥。其出圃质量要求一般是株形整齐、饱满，且开花一致或至少有一定的现花量。出圃进行包装要考虑销售地的远近。长途运输时，对于需进行套袋的，应上下无封口，以免叶片折断，影响美观。装车时要准备好专用架、车辆搭架和专用周转盆。应尽量减少运输时间，尤其对于较不耐长途运输的花卉（如四季海棠、一串红、长春花等），运输中要做好防冻或防高温灼伤等工作。

【思考题】

　　出圃和运输对花坛花卉的质量有什么影响？

👆 随堂练习

随堂练习 13

👆 任务小结

营养钵苗的管理主要包括温度、光照、水分、肥料、病虫害防治、整形修剪等几个方面。这些管理工作需根据花卉种类、生产季节、幼苗生长阶段及生长势等各个方面综合考虑。

【项目小结】

1. 花坛花卉的概念、选择标准。花坛花卉是指可应用于花坛的具有观赏价值的草本及部分木本植物，以草本花卉为主。通常植株低矮，枝叶密集；如果是观花的，则通常花期一致、花色艳丽，盛开时能表现丰富的群体美。

2. 常见种花坛花卉的习性、观赏特点、应用各异。

3. 花坛花卉种类繁多，花色各异，株形变化大，习性、观赏期各有不同，在实际生产和应用中需慎重考虑，严格挑选。

4. 花圃年度生产计划的制订应参考生产时间、生产规模、每个生产阶段的安排以及预期要达到的经济效果；然后根据生产计划、生产条件和对欲销往市场行情的考察，选择适合的花卉品种。原则是以最少的投入获得最好的经济效益。

5. 一般穴盘苗可分为四个生长阶段。第一阶段：从播种到胚根长出；第二阶段：子叶展开到第一片真叶展开；第三阶段：快速生长期；第四阶段：炼苗期。从第一阶段到第四阶段，湿度逐渐降低，光照可以逐渐增加，肥料可以逐渐增重。各个种类具体要求有所区别，种植者可以根据不同阶段的苗对光照、温度、水分、空气湿度和养分等的具体不同要求来加以管理。值得注意的是，从播种到胚根长出这一阶段尤其重要。不同的花卉种子有不同的发芽习性。有些花卉发芽时对光照有要求（如一串红、鸡冠花）；有的具有嫌光性（如长春花）；有的对湿度要求很高（如四季海棠）。在播种以前，一定要对种子的发芽习性了如指掌，以确保生产的顺利进行。

6. 营养钵苗的管理主要包括温度、光照、水分、肥料、病虫害防治、整形修剪等几个方面。这些管理工作需根据花卉种类、生产季节、幼苗生长阶段及生长势等各个方面综合考虑。

讨论题

中国被称为"园林之母"，植物资源丰富，但现在国内市场花坛花卉新品种很多由进口品种引进。创新是第一动力，在我国现代化建设全局中具有核心地位。请从创新理论的角度谈谈如何通过创造性转化、创新性发展，实现中华民族伟大复兴的中国梦。

项目4
优质盆花栽培技术

任务 1 盆花栽培概述

📖 主要内容

一、花盆的选择

花盆种类多，一般在选择花盆时会考虑其材质及外形。

园艺资材

（一）花盆的材质

从材质上来说，常见的花盆有塑料盆、陶盆、瓷盆、紫砂盆和水泥盆等。不同材质的花盆，其外观及特点也不同。

1. 塑料盆

一般色彩丰富、轻便、方便搬运、不易破碎、保水能力强、价格相对比较低。市场占有率高，种类多，比较普遍的有加仑盆、青山盆和爱丽丝花盆。

2. 陶盆（图 4-1）

陶盆被称作"会呼吸的花盆"，透气性好，根系生长好，盆土不容易积水，不会造成植物烂根。陶盆外观好看，尤其是近几年在家庭园艺中比较流行的高档红陶盆，外观低调，有质感，但是价格相对比较贵。另外，在冬天有冰雪的地方，冰雪融化的时候红陶盆容易开裂；红陶盆的材质也比较脆，容易摔坏；使用一段时间之后，花盆的表面会有各种盐碱物质沉积，看上去比较脏，很难清洗。

3. 瓷盆（图 4-2）

瓷盆表面光滑，由于上了一层釉，因此其透气性能比较差，对花卉生长不太好，所以一般会在花盆底部有大的排水孔，栽培时在底部放入垫片，避免土壤堵塞排水孔。瓷盆颜色鲜艳，观赏性比较强。

4. 紫砂盆（图 4-3）

紫砂盆气质典雅，一般栽种盆景或中国兰花。其透气性比瓷盆、水泥盆好一些，但比红陶盆差一些。紫砂盆价格比较贵。

图 4-1　陶盆

图 4-2　瓷盆

图 4-3　紫砂盆

5. 水泥盆（图 4-4）

水泥盆夏天升温特别快，如果将水泥盆栽种的植物放在烈日下，植物根系会被高温烫伤。因此水泥盆适用于室内栽培摆放。

（二）花盆的外形

花盆外形千差万别，形状多样，但与栽培关联度较高的主要是花盆的高矮以及盆口的宽窄。高的花盆适合种植深根性花卉，浅根性的花卉植物以及大部分的多肉花卉则适合比较浅的花盆。另外，广口盆因为水分容易蒸发，所以适合多肉类和其他怕水湿植物；而收口比较窄的花盆因为水分蒸发比较慢，则更适合喜欢水湿的花卉植物。

图 4-4　水泥盆

【思考题】

请比较一下各类花盆在外形、价格、实用性上的优缺点。

二、盆栽基质的配制与处理

盆栽基质是盆花赖以生存的物质基础，同时对盆花起到固定作用，是盆花吸收水分、养分的基础。单一的培养基质虽然也可以应用，但由于各种原因一般较少采用，更多的是两种或两种以上材料按一定的比例配制后形成复合基质。

（一）基质配制

基质的配制是一项非常重要的工作，对植物的生长以及后期管理影响很大，必须在种植之前做好充分准备。园艺植物种类繁多，习性各异，统一标准几乎不可能。下面列举几个一般园艺植物基质的配方供参考。

（1）配方 1：园土 40%+ 泥炭 35%+ 珍珠岩 20%+ 有机肥 5%（通用型缓释肥 1.5kg+30kg 微量元

素肥 /m³）。

（2）配方 2：园土 15%+ 泥炭 60%+ 珍珠岩 20%+ 有机肥 5%（通用型缓释肥 2kg+30kg 微量元素肥 /m³）。

（3）配方 3：泥炭 70%+ 椰糠 15%+ 珍珠岩 15%（通用型缓释肥 2kg+30kg 微量元素肥 /m³）。

对特殊种类的植物，需要用不一样的基质。例如，中国兰花更多的是使用植金石、云南红土粒、腐殖土、花生壳等；而附生性兰花（包括附生性的一些其他盆栽植物）用发酵松树皮、水苔、碎石块更合适一些；多肉植物则要求透水性更强，用颗粒性土（如鹿沼土、赤玉土、虹彩石、珍珠岩、蛭石等）更适合。

（二）基质处理

1. 消毒杀灭病虫草害

（1）蒸汽消毒　基质入箱，密闭，通入蒸汽，70~90℃持续 15~30min（注意：体积 1~2m³，基质含水量 35%~45% 为宜）。

（2）太阳能消毒　夏季，塑料薄膜覆盖，暴晒 10~15 天（注意：基质高度 20~25cm，含水量 80%）。

（3）化学药剂消毒　40% 甲醛稀释 40~50 倍，均匀喷洒（20~40L/m²），薄膜覆盖 2 周，再风干 2 周（注意：安全和环境保护）。

2. 调整 pH 值

pH 值要求为 5.3~7.5，先测再调。

1）测：1 份基质 +2 份蒸馏水，pH 计测。

2）调：若过酸（pH<5.3），则将基质浇湿，混入少量石灰覆盖 2 周后取样测定。若过碱（pH>7.5），则加入硫磺粉或硫酸亚铁。硫酸亚铁比较温和，一般降低一个 pH 单位用量为 1.8kg/m³。

3. 调整 EC 值

先测后调。当 EC 值 <0.37mS/cm 时，需要施肥，尤其是硝态氮；当 EC 值 >2.75mS/cm 时不再施肥，且淋洗盐分。

【思考题】

配制盆花基质时，对基质种类、比例的选择依据是什么？

🖌 随堂练习

随堂练习 14

三、盆栽方法

盆花栽培过程中，根据生长阶段和长势，需要进行上盆、脱盆、换盆、翻盆、转盆、倒盆等操作，以确保盆花能正常生长，并最终获得根系发达、株形良好、长势健壮的成品花卉。

1. 上盆

（1）概念　将幼苗移栽入花盆的过程叫上盆。播种苗长到一定大小、扦插苗生根成活后以及地栽花卉移入花盆都可以称为上盆。

（2）流程　上盆时，盆中先少量添加培养土，然后将花苗放入盆中央扶正，沿盆周加土。土加到一半时，将花苗轻轻上提，使根系自然舒展，然后再继续填土，直至培养土填满花盆。轻轻震动花盆，使土下沉，再用手轻压植株四周和花盆边的培养土，使根系与土紧密接触。花苗栽好后，土面离盆口保留 2~3cm，方便以后浇水施肥，以免溅出。浇透水，放庇荫处缓苗。

（3）注意事项　对播种苗和扦插苗而言，上盆时机一定要把握好，要求根系长、发育良好才能移植上盆。太早移植，根系还不发达，吸收等功能不完善，影响植株后期生长甚至造成幼苗死亡；太晚移植，则穴盘或扦插床生长空间会限制植株的生长，造成上市时间的延迟。

2. 脱盆

脱盆就是把花木的根团完整无损地从原盆中脱出来，它是换盆和翻盆的前提基础，操作难度也比较大，尤其是对于一些冠幅比较大的花木。因此必须根据植株的冠幅及原盆大小分别采用不同的脱盆方法，才能达到省力、省工、安全的目的。

1）给较小的盆株脱盆时，先用竹片将盆壁周围的土拨松，用左手托住盆株，右手轻磕盆边，而后以拇指从盆底用力顶住垫孔的瓦片，向上推顶，使土团与花盆分离，再将原株取出，栽入较大的盆中。

2）一尺左右的盆株脱盆时，因其体积大而且重，故可用右手握住花木的主干或灌丛，并将花盆稍微提离地面，同时用左脚向下猛蹬盆沿，使植株离盆而落地。

3）一尺以上的盆株脱盆时，由于盆体太重，一般人提不起来，这时可将盆株放倒，先在地面上来回滚动几下，人再坐到地上，用双手握住大的侧枝，双脚向前猛蹬盆沿，使花株与花盆脱离。

3. 换盆

（1）概念　当小苗长大，原来的花盆空间太小时，需将植株脱出换栽入较大的花盆中，这个过程称为换盆（图 4-5~ 图 4-7）。

换盆

| 图 4-5　换盆（一） | 图 4-6　换盆（二） | 图 4-7　换盆（三） |

（2）流程　换盆流程如图 4-8 所示。

（3）时间和次数　多年生宿根花卉和落叶木本花卉的换盆一般在休眠期进行；常绿花卉可以在雨季进行；而对于生长迅速、冠幅变化较大的花卉，可以根据生长状况和需要随时进行，如一、二年生草花生长迅速，从小苗到上市一般要换盆 2~3 次，多年生宿根花卉一般每年换盆 1 次即可，木本花卉 2~3 年换盆 1 次。

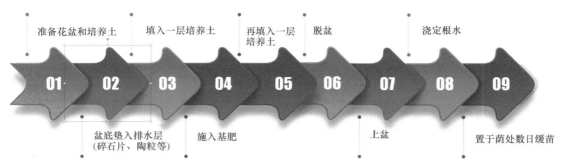

图 4-8　换盆流程图

（4）注意事项

① 随植株长大，换盆需由小盆逐渐换到大盆，不可一次性换入大盆（大苗用大盆、小苗用小盆）（图 4-9）。

② 根系不可直接与基肥接触。

图 4-9　盆的大小对比

4. 翻盆

（1）概念　针对已经充分生长的植株，出现盆土板结不透气、盆土养分被吸收殆尽造成缺乏营养、植株根系由于水分管理不善等原因发生腐烂、枝叶枯黄等情况时，需进行修根、换土重新种植，但换土不换盆，称为翻盆。

（2）流程　如图 4-10 所示。

图 4-10　翻盆流程

（3）时间和次数　翻盆的时间和次数可参照换盆，但对于植株生长出现不良反应，如根系腐烂，则随时进行抢救性翻盆；如果正值开花期，则延至开花期后进行。

（4）注意事项

① 除去原土的三分之一到一半。

② 剪去老根、过长根、烂根。

③ 广谱杀菌剂浸泡消毒。

5. 转盆

为使盆株长得匀称、端正，保持株形美观，需要经常旋转花盆，改变盆株的摆放方向，即转盆。生长快的植株每月转动一次，在生长旺季，每隔 10 天左右可转动一次。

6. 倒盆

倒盆就是调整盆栽植物在生长环境中的位置和盆栽植物之间的距离。通常在两种情况下需要倒盆。其一是盆栽植物经过一段时间的生长，株幅增大而造成株间拥挤，为了加大株间距离，改善通风透光条件，必须进行倒盆；如不及时倒盆，会导致病虫危害和引起植株徒长；其二是在温室中，盆花摆放的位置不同，光照、通风、温度等环境因素的影响也不同，盆花生长出现差异，为使植物生长状况一致，需要经常进行倒盆，来调整植株的生长。一般倒盆与转盆同时进行。

【思考题】

总结换盆和翻盆操作的异同。

随堂练习

随堂练习 15

四、盆花的养护管理

（一）水分管理

盆栽花卉浇水以雨水、雪水、江河湖泊中的流水为主，自来水为辅，自来水因为含有氯元素，所以需要在贮水池经过 24 小时后再用；井水含盐分较高，尤其是对喜酸性植物使用前需进行淡化处理。

1. 浇水原则

遵循"不干不浇，浇则浇透"的原则。即盆土表面干透发白时再浇水，浇水时要浇到盆底排水孔有水渗出为止。切记不要浇半截水、拦腰水。

2. 浇水方法

盆花水分管理主要注意两个方面：基质水分和空气湿度。基质水分主要通过浇灌、浸灌、喷灌、滴灌等方式补充；空气湿度主要通过向盆花栽培环境和叶面喷雾的方式调节。另外，浇水时间的影响也很大，原则上以水温和土温接近时为宜。一般情况下，早春建议午前浇水，夏季建议早晚为宜，而冬季则最好在午后 1~2 小时进行浇水。

3. 浇水依据

水分管理不当会严重影响花卉的生长甚至造成死亡，正常的水分管理需要考虑很多因素，总结起来主要有以下几个。

（1）花卉种类　花卉种类繁多，原产地气候差异大，花卉的习性也千差万别，因此浇水必须参考花卉本身对水分需求的特点。如沙生植物原产于沙漠干旱地带，需水量少；而原产于热带雨林的很多观叶植物则需水量比较大，并且对空气湿度的要求也比较高；草本花卉由于根系浅，因此对缺水更加敏感；木本花卉根系较深，相对更能耐旱。

（2）植株大小，花盆大小、质地　一般体量大、枝叶繁茂并且叶片比较大的植株需水量较大，而体量较小、叶片小的植株相对蒸腾会弱一些。小花盆蓄水量少，干得快；大花盆基质多，则保水时间会长一些。另外，花盆质地对水分影响也很大，如陶盆种花尤其是夏天，土壤会干得很快。

（3）生长发育时期　花卉休眠期要少浇水或停浇水，但从休眠期转入生长期，浇水量逐渐增加；幼苗时期需水量少，成品盆花需水量大。

（4）气候　梅雨季节不但要少浇或不浇，更要防止积水；夏季高温季节需水量大；冬季低温可以少浇或不浇。

（5）基质土壤条件　基质含颗粒比例大时，保水性会差一些，浇水要勤；反之则浇水频率要降低。

（二）肥料管理

肥料与花卉的生长发育有着密切的关系，尤其是盆栽植物，长期生长在盆钵之中，根系生长受限，摄取的营养土壤有限，故必须有充分的肥料供给才能保证其正常生长发育。

盆栽花卉施肥是个比较复杂的过程，不同的花卉种类对肥料的元素、需求量都不同。如球根类花卉因球根可储存养分，且根系较少，故对肥料的需求相对较少，而元素上对氮、钾、钙要求较高，施肥时以硝酸钾、硝酸钙为主；阴生观叶花卉追肥时以氮素为主，但花叶类品种则要减少氮素的施用，否则会造成花叶返绿；观花为主的花卉在花芽分化期需要大量补充磷肥；多季节开花、开花勤的花卉（如月季、茉莉等）对肥的需求大一些，施肥的频率要高一些。

（三）整形修剪

整形是根据植株生长发育特点和人们观赏与栽培的需求，对植株采取的技术措施，如绑扎、牵引、结合、修枝等；修剪则是对植株的器官（如根、茎、叶、芽、花、果实等）进行一系列的删、剪、抹等措施。通过整形修剪，可以调整植株长势、创造良好株形；矮化并增加分枝量和花量，使株形更加饱满；对一年多次开花的植物，摘除残花可以避免结果消耗养分，并促使再次形成花芽；还可以通过修剪，完成枝条更换，达到更新复壮的目的。

盆花整形修剪的方法主要有以下几种。

1. 抹芽与除蕾

抹芽是指将多余的新芽及时抹掉，避免发枝太多、养分分散、枝条质量不高、过密或分布不均，造成通风采光不好或株形不均衡。抹芽一般在早春进行。除蕾是在花蕾形成后，为保证主蕾营养而剥除侧蕾，如独本菊的培养；有时为调整同一株开花速度，使得全株花朵开放整齐，需要分次剥蕾，花蕾小的枝条早剥侧蕾，花蕾大的枝条晚剥侧蕾。

2. 摘心

对萌发力强的花卉，主干长到一定高度及时打顶，促发侧枝，待侧枝长到一定高度再打顶，形成矮化、饱满的"三叉九顶"株形，该过程称为摘心。

3. 剪枝

剪枝是指对枝条进行修剪。根据修剪的程度，剪枝分为以下三种。

（1）轻剪　剪去顶部 1~3 节，一般用于花后修剪残花。

（2）中剪　剪去顶部 1/3~1/2，一般用于花后枝条回缩以及秋冬休眠期整形。

（3）重剪　剪去顶部 1/2 以上，甚至贴着地面剪，用于植株的更新复壮或促发脚芽，秋冬休眠期或部分品种花后。

4. 摘叶、摘花和摘果

有的植株生长过程中，叶片太过密集会抢夺养分影响开花，或密集影响植株的通风采光，或出现黄叶、病叶等，需要及时进行摘叶，如美国大牵牛、非洲菊。摘花主要是摘除残花，以免消耗养分以及影响外观。摘果则是瓜果过密、养分供应不上或影响观赏时摘除过多的果实。

5. 去蘖

去蘖是指除去植株基部附近的根蘖或嫁接苗砧木上发生的萌蘖，使养分供给植株生长，促使盆花发育更好。

【思考题】

　　盆花整形修剪的技术原理是什么？

随堂练习

随堂练习 16

任务小结

　　盆花栽培与花盆的选择、基质的配制以及盆栽方法、养护管理都关系密切。其中花盆选择重点关注材质和大小；基质配制重点把握各成分的比例大小及各项指标；养护管理则重点掌握水分、肥料及修剪。这些都是盆花栽培的基本功，必须熟练掌握。

任务 2　宿根花卉盆栽技术

主要内容

一、兰科花卉的盆栽技术

（一）兰科花卉概述

兰科是仅次于菊科的一个大科，是单子叶植物中的第一大科。现代栽培的兰花，一部分是自然形成的种，但是通过不断地杂交又育成了许多种间、属间人工杂交属种。这些杂交种不仅在花形、花径、花色上比亲本更好，且对环境的适应力更强，逐渐成为当今商品生产的主要品种。

1. 兰科花卉分类

兰科花卉因为种类太多，很难有统一的分类标准，下面介绍几种跟栽培密切相关的分类方法。

（1）按生态习性分类

① 地生兰类：根生于土中，通常有块茎或根茎，部分有假鳞茎。产于温带、亚热带及热带高山。属、种数多，构兰属、兜兰属大部分为地生。

② 附生兰类：附着于树干、树枝、枯木或岩石表面生长。通常不需要养料，适应短期干旱，以特殊的吸收根从湿润空气中吸收水分维持生活。主产于热带，少数产于亚热带，适于热带雨林的气候。常见栽培的有指甲兰属、蜘蛛兰属、石斛属、万带兰属、火焰兰属等。还有一些属，某些种适于地生，另一些种则为附生。

③ 腐生兰类：不含叶绿素，营腐生生活，常有块茎或粗短的根茎，叶退化为鳞片状。

（2）按对温度的要求分类　栽培者习惯按兰花生长所需的最低温度将兰花分为三类。不同的属、种、品种都有不同的温度要求，这种划分比较粗略，仅供栽培参考。

① 喜凉兰类：多原产于高海拔山区冷凉环境下，如喜马拉雅地区、安第斯山脉高海拔地带及北婆罗洲的最高峰基纳巴洛山。它们不耐热，需一定的低温，适宜温度：冬季最冷月夜温 4.5℃，日温 10℃；夏季夜温 14℃，日温 18℃。如堇色兰属（产于哥伦比亚）、齿瓣兰属、兜兰属的某些种、构兰属、毛唇贝母兰、福比文心兰、鸟喙文心兰。

② 喜温兰类：或称中温性兰类，原产于温带地区，种类很多，栽培的多数属都是这一类。适宜温度：冬季夜温 10℃，日温 13℃；夏季夜温 16℃，日温 22℃。如石斛属、燕子兰属、多数卡特兰、兜兰属某些种及杂种、万带兰属某些种。

③ 喜热兰类：或称热带兰，多原产于热带雨林中。不耐低温，适宜温度：冬季夜温 14℃，日温 16℃；夏季夜温 22℃，日温 27℃。开美丽花朵的许多杂交种都是这一类，目前广泛栽培。如蝶兰属、万带兰属的许多种及其杂种、兜兰属的某些种、卡特兰的少数种以及许多属间杂种。

（3）按栽培的地域分类

① 国兰：是指兰科兰属的少数地生兰，如春兰、蕙兰、建兰、墨兰、寒兰等。国兰也是中国的传统名花，主要原产于亚洲的亚热带，尤其是中国亚热带雨林区。一般花较少，但芳香，花和叶都有观赏价值。

② 洋兰：是民众对国兰以外兰花的称谓，主要是热带兰。实际上，中国也有热带兰分布。常见栽培的有卡特兰属、蝴蝶兰属、兜兰属、石斛属、万代兰属的花卉等。一般花大、色艳，但大多没有香味，以观花为主。热带兰主要观赏其独特的花形，艳丽的色彩。可以盆栽观赏，也是优良的切花材料。

2. 兰科植物的形态特征

（1）根　粗壮，根近等粗，无明显的主次根之分，分枝或不分枝。根毛不发达，具有菌根，起根毛的作用，也称兰菌，是一种真菌。

（2）茎　因种不同，有直立茎、根状茎和假鳞茎。直立茎同正常植物，一般短缩；根状茎一般成索状，较细；假鳞茎是变态茎，是由根状茎上生出的芽膨大而成。地生兰大多有短的直立茎；热带兰大多为根状茎和假鳞茎。

（3）叶　叶形、叶质、叶色都有广泛的变化。一般中国兰为线、带或剑形；热带兰多肥厚、革质，为带状或长椭圆形。

（4）花　具有 3 枚瓣化的萼片；3 枚花瓣，其中 1 枚成为唇瓣，颜色和形状多变；具 1 枚蕊柱。

（5）果实和种子　开裂蒴果，每个蒴果中有数万到上百万粒种子。种子内有大量空气，不易吸收水分。盆栽兰胚多不成熟或发育不全，尤其是地生兰，没有胚乳。

3. 国兰与洋兰习性上的差异

（1）对温度的要求　洋兰依原产地不同有很大差异，生长期对温度要求较高，原产于热带的种类，冬季白天要保持在 25~30℃，夜间 18~21℃；原产于亚热带的种类，白天保持在 18~20℃，夜间 12~15℃；原产于亚热带和温暖地区的国兰，白天保持在 10~15℃，夜间 5~10℃。国兰要求比较低的温度，生长期白天保持在 20℃左右，越冬温度夜间 5~10℃，其中春兰和蕙兰最耐寒，可耐夜间 5℃的低温，建兰和寒兰要求温度高。国兰不能耐 30℃以上高温，要在兰棚中越夏。

（2）对光照的要求　种类不同、生长季不同，对光的要求不同。冬季要求充足光照，夏季要遮荫，国兰要求 50%~60% 遮荫度，墨兰最耐阴，建兰、寒兰次之，春兰、蕙兰需光较多。热带兰种类不同，差异较大，有的喜光，有的要求半阴。

（3）对水分的要求　国兰喜湿忌涝，有一定耐旱性。要求一定的空气湿度，生长期要求在 60%~70%，冬季休眠期要求 50%。洋兰对空气湿度的要求更高，因种类而定。

（4）对土壤的要求　国兰要求疏松、通气排水良好、富含腐殖质的中性或微酸性（pH 值 5.5~7.0）土壤。热带洋兰对基质的通气性要求更高，常用水苔、蕨根类作栽培基质。

（二）几种洋兰的栽培

1. 蝴蝶兰

蝴蝶兰原产于热带雨林地区，习性上喜高温、高湿、通风半阴环境，忌水涝气闷。越冬温度不低于 15℃。生长适温为 18~30℃，冬季 15℃以下就会停止生长，低于 10℃容易死亡。在岭南各地如要进行批量生产，必须要有防寒设施，实行保护性栽培。如果家庭小量种植，在遇冷时立即移入室内保持温度便可以安全过冬。

（1）组培苗上盆前处理　如果是瓶苗，首先到货后尽快出箱，检查瓶苗的状态：是否有破瓶子、倒置、培养基破损、下叶发黄或者污染等现象。破瓶子的、倒置的和培养基破损的必须在当天或第二天出瓶。下叶发黄的和污染的要尽快出瓶，不要超过 5 天以上。其次按品种摆放，以免品种混乱。同时注意放置场所的温度保持 23~28℃，光照 3000~5000lx。如果是中苗，需要在光照低于 10000lx、温度 23~30℃、湿度 60%~80% 的环境里摆放一周后再正常管理。在这一周内尽量不要浇水，不要施肥。如果基质太干，则快速过一遍水，保持湿润即可，不能浇透。

（2）上盆

① 水苔准备：把水苔浸泡在水里（放多菌灵或大生粉）3 个小时后，放在脱水机里脱干至湿润状态，用力用手拧至不滴水即可。脱干后的水苔不宜长时间暴露在空气中，以免干燥发白，所以不要一次性脱过大量，跟上上盆速度即可；在刚脱水过的水苔上覆盖塑料膜，以减缓水分蒸发；在发现有水苔干燥发白的时候要及时用喷雾器喷湿水苔，以免干湿不匀，影响上盆后的水分管理。

② 容器准备：采用 1.5 寸营养钵或 128 孔穴盘。

③ 水质要求：水的 pH 值为 5.5~6.5，EC 值 <0.2。浇水前水最好在温室里存放一段时间，以使水温接近植株基质的温度。

④ 组培苗出瓶：用长 30cm 的钝头镊子把种苗从瓶子里夹出放在盆子里，用手轻轻抹去粘在根

系上的培养基（有少量粘得太牢的可以不抹，以免影响根系），把苗放在 1000~2000 倍多菌灵溶液里浸泡 5~10 分钟后放在装有清水的盆子里清洗，稍晾干根系即可上盆。已被污染的瓶苗要单独清洗，清洗过污染瓶苗的盆子也应及时消毒，以免相互感染。

⑤ 种植：取适量水苔先放在植株的根群中间，以使根系舒展开为原则，然后包裹根系的周围，要求四周的水苔量和用力要均匀，水苔松紧度在 6 分左右，植株放入容器后刚好位于中间。种苗放入容器后，基质的上表面在 1.5 寸盆最低的横线下面，在 128 孔的 2/3 深处。在上盆的过程中，如果叶片上没有水分就要及时喷水，直至把整盆苗放到炼苗处。

⑥ 炼苗：上完盆后把苗及时放到炼苗处。要求：光照 3000~4000lx，温度 23~28℃，湿度 80% 以上。在刚上盆的一周内要保持叶面湿润，所以要经常喷水。一个星期不要浇水，让它发根。一星期后逐渐减少喷雾次数，在叶片发软前喷。每个星期喷 1~2 次 10-30-20 浓度为 5000 倍 +B1 浓度为 5000 倍的叶面肥。当新根长出时开始施肥，第一次施 10-30-20 浓度为 5000 倍 +B1 浓度为 5000 倍的促根肥，等水苔干透后改为施浓度 5000 倍的 20-20-20（或者 20-10-20）。浇水以基质干透浇透为原则，夏季宜在早上浇水，冬季宜在中午前后浇水，必须保证傍晚前叶片干燥，以免发病。肥料每半个月施一次。小苗生新根和新叶后，可以移到较光亮的场所种植，光照在 6000~9000lx 时，生长速度快很多，前提是要保持空气湿度在 70%~80% 左右，最低要求 60%。照上述方法管理 3 个月左右（从上盆那天算起，可以用花名牌插在盆子上作标记），在此期间要注意虫害和病菌感染。如果与中苗放在一起，环境温度和湿度较低时，可用透明的薄膜把苗床四周围起来，以便管理。

⑦ 摆放：心叶向东南面摆放。当叶片相互遮掩时及时疏盆，空一格摆放。

（3）第一次换盆（2.5 寸盆）

① 操作：盆子以透明为好，当 1.5 寸苗的根系盘满时就要换到 2.5 寸盆。换盆前要停水停肥，当基质干燥时一手拿两边的基质（切忌拿叶片或茎干），一手拿盆子底部圆孔处，把苗从盆子里拔出；当基质和盆子结合比较紧时，用手轻捏盆子四周再拔。将处理过的水苔均匀包在苗的周围，塞入 2.5 寸盆，然后放在 15 孔的托盘里。

② 管理：上盆后放在光照低于 8000lx、温度 20~30℃、湿度 60%~80%、通风良好的环境里。上盆后 10 天内不浇水，前 3 天中午时喷雾。10 天后浇半截水，使基质处于湿润状态有利于促根。光照逐渐增强，不超过 15000lx。当根系扎到基质外面时开始浇透水，第一次施浓度为 10-30-20 浓度为 4000 倍 +B1 浓度为 4000 倍的促根肥，然后改为施浓度 3000 倍的 20-20-20（或者 20-10-20），再提高浓度为 2500 倍或 2000 倍。每 2 个月用清水浇透一次，洗去盆内盐基成分。浇水以基质干透浇透为原则，夏季宜在早上浇水，冬季宜在中午前后浇水，必须保证傍晚前叶片干燥，以免发病。

③ 摆放：心叶向东南面摆放。当叶片相互遮掩时及时疏盆，空 1~2 格摆放。

④ 剪花梗：如果在植株营养生长期由于低温导致抽花梗，则等肉眼能识别第一个花苞时折去第一个花苞上面部分，以减少养分消耗。剪刀每剪完一盆的枝条刀口，必须在酒精灯外焰上来回燃烧一分钟以消毒。

（4）第二次换盆（3.5 寸盆）

① 操作和管理：同 2.5 寸盆。

② 换盆时间：必须在要求开花前 7~8 个月换盆，前提是根系必须盘绕基质。

③ 催花前肥：低温催花前 30~40 天改用催花肥，一般用花多多 10-30-20 的水溶性肥 1000 倍。

④ 越夏：当温度超过 30℃时要加强通风、增加湿度和加强遮荫，但对 3.5 寸苗最好光照强度保持在 10000lx 以上以利催花。当夏季气象预报第二天温度超过 30℃以上时，要提早降温、加湿、

遮荫和通风，尽量降低高温时间。

（5）催花

① 植株状态：具有 4 张以上健康成龄叶。如果只有 2~3 张，也可以催花，不过花箭会降低高度和分叉能力，着花量减少。

② 场所：栽培温室。

③ 时间：在计划开花时间前 4~6 个月进行低温处理。对于早熟品种，可以晚点催花，晚熟品种则需要提前催花，一般黄花品种皆为晚熟品种。低温感受时间为 2~6 周，根据品种不同，一般当花箭长达 10cm 时即可停止低温处理，放回温室进行加温。

④ 温度：低温期夜温 16~18℃，白天低于 28℃。放回温室后夜温 18~20℃，白天低于 28℃。日夜温差 10℃左右。在适宜温度范围内，根据开花期可升高或降低温度。要早开花，则温度适当提高，如果想延迟花期，则温度可适当降低。

⑤ 光照：15000~25000lx。通过叶色判断光照是否过强或过弱。叶色红表示光照太强，叶色深绿则光照太弱。在催花期间光照宜适当加强，叶片可以呈微红。植株要按品种摆放以便控制光照。

⑥ 水分：在催花前期（低温催花期）要适当控水，以利催花。但抽花箭后至花朵全部开放期间须正常浇水，基质不能太干。水温尽量接近室温。

⑦ 肥料：催花期可施花多多速效水溶性肥 10-30-20，浓度为 2000 倍，花梗约 10cm 左右，肥料可改施用花多多速效水溶性肥 20-20-20，浓度为 2000 倍，以加速生长并加大花朵。

⑧ 湿度：60%~80% 即可。

⑨ 摆放：从植株来箭至花朵全部开放，植株不能移动或更改摆放方向。在花箭较长有倒伏倾向时，花梗应及时竖立支柱，以防花梗倒伏或不正，以免花序排列不佳。

（6）开花植株的管理　温度保持 18~26℃，湿度 60%~70%，光照 8000~10000lx，水分遵循干透浇透原则，但基质不能太干，并及时摘除开谢的花朵。

（7）花后植株的管理　温度调整至 20~26℃，湿度 60%~70%，光照 10000~15000lx，水分遵循干透浇透原则，并及时从植株基部剪除花箭，等新根长出时立即换盆处理，以待来年开出好花。

（8）病虫害发生情况及其防治　蝴蝶兰常见的病害主要有由真菌性病害引起的疫病、灰霉病和炭疽病；由细菌性病害引起的软腐病和褐斑病；虫害则主要有蓟马、蚧壳虫、斜纹夜蛾、蜗牛、蛞蝓等。

（9）养护常见问题

① 浇水过频：担心植株缺水，不管栽培介质是否干燥，天天浇水，造成严重烂根。

② 温度过低：蝴蝶兰开花株上市的时间大多在早春，此时夜温偏低，使得植株的长势日益衰弱。因此，不论养护得多么好，兰花仍有不开花的时候。

③ 施肥过量：有肥就施，而且不注意浓度，觉得施了肥就会长得快。须知蝴蝶兰宜施薄肥，应少量多次。切记"进补"不可过度，不然会适得其反。

④ 小株种大盆：觉得用大盆，可以给蝴蝶兰宽松的环境，用料充足。其实用大盆后，水草不易干燥，须知蝴蝶兰喜通气，气通则舒畅。

2. 大花蕙兰

大花蕙兰习性上喜冬季温暖和夏季凉爽气候，喜高湿强光，生长适温为 10~25℃。夜间温度以 10℃左右为宜，尤其是开花期，将温度维持在 5℃以上、15℃以下可以延长花期 3 个月以上。花期依品种不同可从 10 月份到第二年 4 月份。一般从组培苗出瓶到开花需要 3~4 年的生长周期。大花蕙兰植株由母球、子球、孙球组成，其中，孙球长速最快。大花蕙兰为合轴性兰花，腋芽不断萌发。大花蕙兰腋芽的萌发主要受温度支配，高温（高于18℃）下出芽快而整齐，低温（低于6℃）下则发芽较慢。由萌芽到假鳞茎形成的时间因品种或环境而异，约8~12个月。长日、光照充足、多肥等条件均可以促进侧芽生长。

花芽分化主要与光照和温度相关。在新茎生长不良的短日条件下不形成花序，叶短，假鳞茎大而充实，花芽数多；但在花芽分化期及花的品质方面，不受光照强度影响。温度方面，白天20~25℃，夜间10~15℃为花芽分化与形成的最佳温度；如果温度过高，则花粉形成受阻，整个花序枯死，一般花茎伸长和开花的温度在15℃左右。如白天大于30℃，夜间大于20℃，则花序形成受到影响；接受60天的高温，花序发育全部终止；3cm以上的花序比3cm以下的花序更易受高温影响。花芽分化早晚取决于新芽的叶停长早晚及假鳞茎成熟的早晚。

（1）穴盘苗阶段

① 容器：50孔穴盘，8×8营养钵。

② 介质：水苔，用800~1000倍甲基托布津或多菌灵50%可湿性粉剂浸2~4小时，旧水苔暴晒1~2个中午后浸药也可用。

③ 上盘种植：采用组培生根苗带瓶在温室锻炼1~3天，夏天须放在阴凉地方炼苗。包苗前从组培瓶中取出苗，去除培养基，清水洗净，随后在800倍50%多菌灵可湿性粉剂溶液中清洗，并将苗分成大、中、小三个等级包苗，采用50孔穴盘。穴盘苗培养2~3个月，即可上8×8营养钵。

④ 上盘后管理：上穴盘后半个月可叶面喷肥，EC值0.8~0.9，15天内需要经常喷雾，并经常补水，叶面肥的NPK为20∶20∶20即可。

（2）幼苗阶段 在营养钵中生长1年左右的幼苗，可进一步上盆管理。

① 容器：塑料盆（内口直径15cm或18cm）。

② 介质：2~5mm的树皮。

③ 上盆及管理：一般每苗留2个子球，对称留效果最佳，其他侧芽用手剥除。当芽长到5cm时进行疏芽。侧芽在15cm长以前无根，15cm长以后开始发根，不同品种用不同的留芽方式，也有每苗留1个子球的。水肥管理方法同前。

（3）二年苗阶段 生长24个月以上的苗，不需要换盆。这个阶段的苗每月施有机肥15g/盆，随着苗长大，每月使用18~20g/盆，换盆12个月后只施骨粉，并在10月份前不断疏芽，11—1月要决定留孙芽（开花球）数量。一般大型花可留孙芽2个/盆，将来可开花3~4枝/盆；中型花可留孙芽2~3个/盆，将来可开花4~6枝。冬季温度保证夜温不低于5℃即可。

（4）开花植株 三年以上苗。

① 温度管理：春天3—6月夜温为15~20℃，日温为23~25℃。6—10月夜温为15~20℃，日温为20~25℃，可加大温差，平地栽培者一般要上山栽培。11月以后夜温为10~15℃，日温为20℃。

② 水肥管理：2—4月每月施有机肥10g/盆（豆饼∶骨粉为2∶1），4月以后每次施有机肥14g/盆。6—10月主要施骨粉，每盆15g左右，花芽出现后，立即停有机肥。

③ 其他管理：11月后花穗形成，花箭确定后抹去所有新发生芽，大部分品种9—10月底可见花芽，如果长出叶芽应剥除。花箭用直径5mm包皮铁丝作支柱，当花芽长到15cm时竖起。绑花箭的最低部位为10cm，间隔6~8cm，支柱一般选择80cm和100cm长。

（5）病虫害防治

① 叶斑病：一般在25~27℃，雨后容易发病。通常在叶尖或叶片先端产生黑色小斑点，后扩大

成不规则病斑。防治方法为加强通风采光，及时发现、剪除病叶，并喷洒 30% 氧氯化铜悬浮剂 600 倍液或 53.8% 可杀得 2000 干悬浮剂 1000 倍液，隔 10~15 天喷 1 次，连续喷 2~3 次。

② 灰霉病：气候温暖，相对湿度大时容易发生。主要侵染花器，用 25% 的普霉克 800 倍液喷洒。

③ 蚧壳虫类：一般在管理粗放的兰棚，通气不良、日光不足时容易发生。发生时，可用介必治、矿物油等药剂喷洒。

④ 粉虱：治疗方法同蚧壳虫类。

⑤ 螨类害虫：主要是红蜘蛛、黄蜘蛛和假蜘蛛类。发生时可用克螨特、金螨枝等药剂喷施。

⑥ 蚜虫：一般用氧乐果乳油、氰戊菊酯等轮换喷洒。

（三）几种国兰的栽培

1. 分类

国兰包括春兰、蕙兰、建兰、墨兰、寒兰、莲瓣兰和春剑 7 个品系。

（1）春兰（图 4-11）　通常具假鳞茎；植株较小，叶片常 4~5 枚集生，较细狭，呈带形，一般长约 20~35cm，宽约 0.5~1cm，叶缘有明显细锯齿；总状花序具数花或多花，较少减退为单花，花期从 12 月至次年 3 月中旬，花梗直立，大多开一朵花，多数春兰具芳香。我国春兰主要分布于江浙地区，河南、湖北、安徽、云南、贵州、四川、广东、广西和台湾等地也有分布。春兰性喜温暖湿润、通风良好的半阴环境；稍耐寒，忌高温、干燥、强光直射。生长适温 15~25℃，夏季需遮荫，蔽荫度 70%；冬季要求阳光充足，可以全日照。

（2）蕙兰（图 4-12）　蕙兰简称蕙。蕙兰株体一般较高，叶面粗糙，叶 5~13 片集生，长约 35~80cm，宽 0.5~1.5cm，叶片脉纹粗而凸显，叶缘锯齿明显而较粗。蕙兰假球茎不明显，根白色，粗壮发达，花梗长而直立，高约 30~60cm，齐叶架或出叶架，一般着花 5~12 朵，花期在 3—5 月间，故又称为夏蕙或夏兰，花有幽香。蕙兰分布较广，但以原产江浙一带的最佳。蕙兰比较耐寒、耐干、喜阳。

图 4-11　春兰　　　　　　　　　　　　　　　　图 4-12　蕙兰

（3）建兰（图 4-13） 假球茎较大，叶 2~6 片丛生，叶姿大多为直立或斜立，叶宽 1cm 左右，长 25~60cm，呈带形，色绿，有光泽，柔软，叶缘无锯齿；花梗挺拔，常低于叶面，高 25~35cm，着花 4~6 朵，花清香；花期从夏初（5 月）起至寒露（10 月）止，其间能多次开花，故称为"四季兰"。建兰主产于我国福建、广东、台湾等地，喜温暖湿润和半阴环境，耐寒性差，越冬温度不低于 3℃，怕强光。

（4）墨兰（图 4-14） 墨兰假球茎较大，叶片宽阔而亮丽，2~5 片叶着生于假球茎上，一般宽达 2~3cm，长约 25~100cm，呈剑形，直立性强，上半部向外披散，叶缘无锯齿；花梗直立，高出叶架，着花 5~20 朵，花期自晚秋至翌年 3 月，在春节前后，又称为"报岁兰"。墨兰的香气具甜香或淡香（近似檀香）。墨兰主产于我国福建、台湾、广东等地。喜阴，而忌强光；喜温暖，而忌严寒；喜湿，而忌燥，是典型的阴性植物，冬春宜有 60%~70% 的遮荫密度，夏秋宜有 85%~95% 的遮荫密度，冬季低于 5℃ 容易冻伤。

图 4-13 建兰

图 4-14 墨兰

（5）寒兰（图 4-15） 寒兰假鳞茎较大，叶 3~7 枚丛生，直立性强，长 35~70cm，宽 1~1.8cm，叶缘多无锯齿，仅少数品种在近顶端有细齿；花葶细而直立，与叶面等高或高出叶面，花疏生，着花 8~15 朵。寒兰香气浓郁，长达月余；寒兰花期因地区不同而有差异，自七月起就有花开，但一般集中在 11 月至翌年 1 月。寒兰在我国分布于福建、浙江、广东等地，其自然生长地处于比其他种类的兰花更为优越的环境条件中，所以寒兰栽培的难度较其他种类大。

（6）莲瓣兰（图 4-16） 莲瓣兰曾被看作春兰的一个变种，后来被定义为独立的种。根系粗壮，假鳞茎较小，呈球形。叶 6~7 片集生，细狭，长约 40~80cm，宽 0.4~1.2cm，叶缘有锯齿。叶片基部合抱对折呈"V"形，株形紧凑；一葶着花 2~5 朵，花期 1—3 月，幽香。主要分布于云南等地，性喜阳光，但忌强光，

图 4-15 寒兰

喜温暖，喜疏松土壤，忌植料过细。

（7）春剑（图4-17）　春剑曾被看作春兰的一个变种，后被定义为一个独立的种。假鳞茎较小，呈球形，根系粗壮。株形高大，4~10片叶丛生，叶宽 1~1.2cm，叶长 30~70cm，剑形，叶面粗糙，边缘有细锯齿，直立性强。花期 1—3 月，一梗着花 2~5 朵。春剑主产于我国四川、贵州和云南等地。性喜阴凉湿润、通风良好的环境，白天最适合的生长温度在 20~30℃之间，夜晚最适合的温度在 15~20℃之间。

图 4-16　莲瓣兰

图 4-17　春剑

2. 对环境条件的要求及春化特点

（1）对环境条件的要求　国兰对环境条件的要求有特殊性，包含光照、通风、温度和湿度四大方面。

1）光照：国兰对光照强度的要求从高到低是蕙兰、建兰、春兰、莲瓣兰、寒兰和墨兰。蕙兰适合的光照强度为 10000~20000lx；如果光照弱，就会无法启动生长机制，表现出一直不服盆的样子，然后慢慢死掉。春兰大概是 5000~8000lx；莲瓣兰和寒兰对光照要求不高，没直射阳光也能正常生长和开花；墨兰对光照的要求则更低一些；建兰比较特别，在生长阶段可以比较阴养，而要开花就必须有好光照（参考光强：夏天阳光下大概 100000lx，阳光透过玻璃大概 20000~30000lx，室内灯光下大概几十至几百 lx）。

2）通风：通风是养兰第一要义，要有对流的风，但也不是越大越好。通风包括盆面以上和盆底下，二者必须都要有。

3）温度：植物白天进行光合作用积聚能量，夜里进行呼吸作用消耗养分。如果夜间温度过高，消耗就大，那么它积累的营养就少。在一个合适的范围内，光合作用的强度随温度升高而增强，所以室外环境比室内环境好。蕙兰可耐温 –5℃，春兰为 –3~–2℃，建兰、莲瓣兰和寒兰 0℃就入室，墨兰 5℃以下就得入室。

4）湿度：一般高一点好，因为原生环境的湿度就很高。

（2）春化特点　春化的本质是让兰花有 2 个月左右的营养生长休眠期，通过低温让兰花由营养生长转换为生殖生长。兰花 10℃以上才会启动营养生长。在营养生长被抑制后会由营养生长转入生殖生长，为开春开花的花苞存聚能量。春兰、蕙兰、莲瓣兰有典型的春化要求；建兰无须春化，冬季入室是因为不耐寒，属于广东、福建的地生兰；寒兰是寒冷的冬天开花但是并不耐寒。春兰和蕙兰生长速度明显变慢或者停止生长时，就应在 2~10℃的环境中进行春化，春化时间应不少于 30 天，在冬至前后进行低温春化，正常 60 天左右。有些春兰和蕙兰不经过春化也会开花，但是经过春化的春兰和蕙兰开花质量要好得多，开花整齐不夹箭。要想开出高质量的花，必须经历一段时间的持续低温，才能由营养生长转入生殖生长。兰花进行低温春化前补一次营养，施一次叶面肥，提前供应营养，能量积累越多，后期花芽越饱满，抽苔开花越鲜艳靓丽。盆土要保持干燥，不能太潮湿，因为这时候兰花是休眠状态，生活活动本来就弱，盆土太潮的话让根系进行活动，可能会打破休眠，提前解除低温春化。

3. 栽培养护管理

（1）种前准备

① 兰株清洗整修：种前修剪枯、病、残、断及腐烂的兰根，修剪植株枯、黄、干叶后，再放入高锰酸钾水溶液中消毒半个小时，捞出晾干待种植。

② 花盆选择：优先老瓦盆，塑料盆和紫砂盆也可以，关键是尺寸和植料的匹配。新瓦盆使用前需放入清水中浸泡数小时退火气后才能使用；如用旧瓦盆，必须清洗干净，消毒后再使用。盆的大小以兰花根放入盆内能舒展开为宜。

③ 植料准备：植料一般分上、下两层，上面是小颗粒，厚度 2~3cm 即可，也就是从芦头下面一点开始到半盖住芦头这个高度范围。铺面一般用纯植金石，也可以是其他（如植金石掺仙土、火山石铺面），铺面除了好看外，也是为了避免浇水时冲跑植料并保证盆面别干得太快。下面的上盆植料用中、大颗粒。有时也分三层植料，从下往上是中大颗粒（主要植料）—小颗粒植料—铺面层。

春兰一般两层即可，植金石、仙土、树皮是常用植料；春兰根细相对难养，植料用中、大颗粒，盆面 2cm 用小颗粒即可。植料中树皮占 20% 比较安全，其他植料可以是植金石、仙土、砖粒、赤玉等。

建兰比较粗放，尽量选择中、大颗粒。

莲瓣兰根粗，需要水分多，适合用稍细软点的植料，要求更多的有机质，选用细植料＋草炭保水，软料占 55%~60%。常用软料有发酵松鳞、栎树叶、草炭等，硬料有小颗粒植金石、砖粒、云南红土粒等。草炭保水非常好，微肥，用时要把大块的掰成小块，否则根穿过易烂；栎树叶释放营养比发酵松鳞快，所以也掺进去；云南红土粒和砖粒可以让花提色，因为莲瓣兰以色彩丰富明艳见长。建议发酵松鳞、树叶、草炭占 55%，植金石、红土粒、珍珠岩占 45%。

蕙兰根粗且长、多，也适合用稍细软点的植料，建议用三层植料，一层用 2/3 中颗粒 1~1.5cm，二层用 1/3 小颗粒，三层用小颗粒铺面植料。常见配方为植金石 10~15cm，45%；仙土中、大各一，35%；发酵松鳞 1.5~2.0cm，20%。如果加赤玉土，则上述三种植物配比调整为植金石 40%，赤玉、仙土、发酵松鳞各 20%。盆面植料用细料，可以是植金石加仙土各 50%。

另外需注意的是，根不好的兰，不管什么兰，植料更要素一点，病苗要清养。相对减少树皮，增加植金石，仙土量也要适当减少；对于弱苗，盆子一定不能大。植料在使用前都要先筛干净，泡透（一周），再一次冲洗干净，在湿润状态下掺合搅拌，一般赤玉、发酵松鳞清洗干净即可，仙土泡 3~4 天，植金石可以泡 7 天。

（2）翻盆

① 关于杀菌：兰根与兰菌共生，全杀光必然影响兰花健康，因此一般情况下不要灌杀菌剂，一般创口处理到位，细菌不入芦头就没必要杀菌。有时也可采用火烫创口让组织碳化的方式阻止病菌入侵，然后太阳晒几小时至根发软，但注意别让根晒过头，过了根就脱水，同时光照可以激发芦头活力和杀菌。

② 关于根尖碳化、水晶头萎缩：翻盆时如果发现植料粉末化，导致根尖碳化，根被粉末包裹后失去活力，导致黑根然后变成烂根、空根，这就是根尖碳化、水晶头萎缩。原因是植料粉化，在翻盆时尽量把包裹它的粉末化植物清理干净，它的根尖才会重新焕发活力再度生长。

③ 如果植料湿润，上盆后可隔天浇定根水，这样有利于创口愈合。

④ 抢救无根或少根兰花：把空烂根和枯败的叶甲清理干净后，太阳晒几小时，用湿水苔把芦头裹起来，植料要素净一点，找尽可能小的盆子，兰花芦头裹着水苔种下去，放置于有一定光照但偏阴的环境，正常浇水后常对芦头喷水。

⑤ 关于基肥：如果根好，上盆时可不同高度放些魔肥，植株高度先低一点，上面部分准备用小颗粒。小颗粒填到位后，边轻拍盆子边轻轻提植株到想要的高度。如果苗弱根弱，则先不急于施肥，等慢慢有了生机再施肥，一般要等 2~3 个月。翻盆过程如图 4-18 所示。

a)　　　　　　　b)　　　　　　　c)　　　　　　　d)

图 4-18　翻盆

a）脱盆后　b）剪根　c）修根后　d）清洗后晒太阳

（3）种后管理

① 水分管理：浇水的目的不只是为了让植料吸足水，也是带动新鲜空气进入植料之中，把盆中浊气和粉末冲走。兰根是肉质根，需要呼吸。温度高或太阳下浇水后需放在通风环境，否则嫩芽很容易烂芯。夏天一般晚上 9 点后才浇，如果环境通风好，浇水后叶子湿了可不用理；春秋季节可以傍晚或早晨浇；冬天要中午浇。水以雪水、雨水为好，所以兰花放室外接受露水和雨水对其生长更为有利。浇水方式以冲淋为好，每次每盆冲淋 5~10 秒，隔 15 分钟重复一次。浇水频次上一般以盆面 2cm 内干了为判定标准；夏天兰花休眠，可适当扣水，同时逼迫它出花，兰花的花芽大数都是在七八月份萌发，但夏天温度高，不可干过头；冬天兰花休眠，要少浇水，称为"冬不湿"，冬天太湿，吸水蒸腾作用弱，时间长了就会烂根。一般冬天十天半个月浇一次水即可。

② 肥料管理：现代养兰无机植料占有很大的比例，科学施肥就尤为重要。兰花施肥通常以颗粒缓释肥结合速效水溶肥叶面喷施和灌根。兰花全年施肥，3 月兰芽、兰根已萌动，施缓释肥一次；5 月是兰花生长旺期，再施缓释肥一次；6 月为花芽分化期，间隔 1~2 周喷 1：1000 磷酸二氢钾或其他促花水溶性肥三次；8 月底补充一次缓释肥；10 月小阳春，再补充一次缓释肥；11 月气温低

于 15℃时兰花基本停止营养生长，转向生殖生长，喷三次磷酸二氢钾或其他促花水溶性肥。另外，3—11 月生长期每 1~2 周喷施水溶速效肥、氮磷钾平衡肥。

叶面肥喷施时间最好在浇水前头一天晴朗的傍晚，叶面、叶背均应喷到，以不流淌为标准；如果喷施叶面肥第二天不浇水，则在第二天用清水过一遍兰叶，以清除肥液残留。蕙兰、建兰可以用速效肥灌根，如标准浓度第二天浇还魂水，也可减半不回水，其他兰花基本不灌根。

兰花施肥中注意掌握的原则是薄肥勤施苗壮花好；弱草不灌根，少放或不放缓释肥。

【思考题】

国兰和洋兰在基质、水肥管理、温度、光照方面的需求有哪些不一样？

📌 **随堂练习**

随堂练习 17

二、室内观叶花卉的盆栽技术

室内观叶植物在园艺上泛指原产于热带、亚热带，主要以赏叶为主，同时也兼赏茎、花、果的一个形态各异的植物群。室内绿化装饰的植物材料，除部分采用观花、盆景植物外，大量采用室内观叶植物。室内观叶植物是目前最流行的观赏园艺植物之一。

室内观叶植物概述

（一）室内观叶植物对环境的要求

由于受原产地气象条件及生态遗传性的影响，因此在系统生长发育过程中，室内观叶植物形成了基本的生态习性，即要求较高的温度、湿度，不耐强光。但由于室内观叶植物种类繁多，品种极其丰富，且形态各异，因此它们对环境条件的要求有所不同。

1. 室内温度

室内观叶植物生长都要求较高的温度，大多数室内观叶植物生长的最适温度为 20~30℃。冬季低温往往限制室内观叶植物生长乃至生存。由于其原产地的不同，各种植物所能耐受的最低温度也有差别。如：花叶万年青、铁十字秋海棠、多孔龟背竹、海南三七、斑叶竹芋、丽穗凤梨、五彩千年木等越冬温度要求在 10℃以上。而龙血树、朱蕉、散尾葵、三药槟榔、袖珍椰子、橡皮树、琴叶榕、伞树虎尾兰、孔雀木、吊兰、花叶木薯、虎耳草、鹅掌柴、紫鹅绒等越冬温度在 5℃以上。荷兰铁、酒瓶兰、春羽、龟背竹、麒麟尾、天门冬、常春藤、肾蕨、美丽针葵、棕竹、苏铁、一叶兰等越冬温度在 0℃以上。在栽培与养护上，必须针对不同类型室内观叶植物对温度需求的差别而区别对待，以满足各自的越冬需求。

2. 室内湿度

由于室内观叶植物原来生长环境存在差异性，因此它们对室内湿度的需求也有所不同。除个别的种类比较耐干燥外，大多数在生长期都需要比较充足的水分。如花叶芋、花烛、观音莲、冷水花、金鱼草、龟背竹、竹芋类、凤梨类等需要相对湿度在60%以上。花叶万年青、春羽、椒草、秋海棠、散尾葵、三药槟榔、袖珍椰子等需要相对湿度为50%~60%。而荷叶兰、一叶兰、鹅掌柴、苏铁、美洲铁、棕竹、美丽针葵、橡皮树等需要相对湿度为40%~50%。室内观叶植物对湿度的要求随季节的变化而不同。春夏秋季需要水量大，秋末及冬季需水量则较少。

3. 室内光强度

室内观叶植物原来都在林荫下生长，所以更适于在半阴环境中栽培。但不同种类和不同品种对光照需求不同。如苏铁、花叶鹅掌柴、变叶木、花叶榕、朱蕉、金边狭叶凤梨类等比较喜阳。而一叶兰、白鹤芋、绿巨人、龟背竹、黄金葛等则喜阴。橡皮树、琴叶榕、垂枝榕、常春藤、南洋杉、酒瓶兰、美丽针葵等既喜阳，也耐阴。

（二）室内观叶植物的养护与管理技术

1. 光照

大多数室内观叶植物需要光，但不能太长时间处于强光处。建议每隔一段时间于早晨、下午、傍晚或者适当遮荫的地方晒晒阳光，但要避免叶子被灼伤。如果室内环境太过阴暗，则可以考虑用日光灯补充；否则若经常缺光，叶子会发黄或淡绿。

2. 浇水

室内观叶植物有很大一类喜欢高温高湿的环境，因此夏天除向盆内浇水外，还需向叶面喷水，保持叶面湿润，对生长有利。而冬天，不少观叶植物来自热带、亚热带地区，喜欢温暖，所以应该少浇水，防止水温低、水分多而使叶子发黄，生长不良，甚至死亡。

3. 施肥

室内观叶植物以观叶为主，所以施肥时偏重氮肥，但一些花叶品种氮肥需控制，否则叶色返绿。一般一个月左右施肥一次，最多15天一次，宜淡而薄，不能浓稠。在冬天及高温天应停止施肥。

4. 病虫害防治

室内不宜用剧毒农药。蚜虫可用1‰洗衣粉或灭蚊药物喷洒（用量不宜太大），白粉病可用酒精棉球擦净；若危害严重，则建议搬到室外对症防治。

（三）常见室内观叶植物

1. 广东万年青

天南星科多年生常绿草本植物。不耐寒，怕暑热，冬季需保持12℃以上的室温，生长适温为20~28℃。喜阴湿环境，怕直射阳光，可常年在庇荫处生长，耐阴性强。喜保水力强的酸腐殖土，极耐水湿，不耐盐碱和干旱。春至秋季可用扦插和分株法繁殖。盆栽时应使用保水力强的酸性腐殖土；可水培，剪取茎段插入水中，生根后继续在水瓶中培养，或将盆栽植株脱盆后把根上的泥土洗净，泡在透明玻璃花瓶中，2~3天换水一次。

2. 龟背竹

天南星科多年生常绿草本植物。喜高温多湿，不耐寒，冬季室温不得低于10℃，不耐高温，当气温升到32℃以上时生长停止，最适生长温度为22~26℃。耐阴性强，耐水湿。春至夏季扦插。

3. 绿萝

天南星科多年生常绿藤本植物，易长气生根。往上长的叶大，向下悬垂的茎叶变小。喜高温多湿和半阴的环境。越冬温度不低于10℃。保持高温和充足水分，每月施一次完全肥料。常春至夏季扦插繁殖。

4. 花叶万年青

天南星科多年生常绿草本植物。茎直立，喜高温多湿，也较耐旱，喜明亮光照耐半阴。越冬温度不低于5℃。生长季节充分灌水，并经常向叶面喷水；休眠期不干不灌，每月施一次完全肥料。常用扦插繁殖，春至夏季切取带芽茎段一节，使芽向上平卧基质中，一个月可生根。

5. 蔓绿绒

天南星科多年生常绿草本植物，茎能长气生根。叶形多样，喜高温多湿和荫蔽的环境，耐阴性强。茎段可水插。越冬温度不低于10℃。生长季节充分灌水，并经常向叶面喷水。冬季减少灌水，每月施一次完全肥料。空气湿度高可促进生长。春至夏季分株或扦插繁殖。

6. 合果芋

天南星科多年生常绿蔓性植物，茎能长气生根。叶呈箭形，喜高温多湿和荫蔽的环境，越冬温度不低于10℃。生长季节充分灌水，并经常向叶面喷水。冬季减少灌水，每月施一次完全肥料。空气湿度高可促进生长。春至秋季分株或扦插繁殖，分株时剪取老株基部长出的带有根群的幼株另行栽植；扦插时剪取带3~4个节的茎段插入基质中，保持阴凉湿润，2~3周可生根。

7. 孔雀竹芋

竹芋科多年生常绿或落叶草本。耐阴性强，需肥不多，喜湿，叶面要常喷水。用水苔做无土栽培基质效果好，分生力强。对空气湿度要求高，尤其是新叶长出后，除叶面喷水外，最好有其他提高湿度的措施。初夏分株繁殖。

8. 彩虹竹芋

竹芋科多年生常绿草本。叶阔卵形，暗绿色，中脉淡粉色，近边处也有具光泽的淡粉色斑纹，叶背暗紫色，叶柄紫红色。耐寒性差，15℃以下生长不良，10℃以下逐渐死亡。越冬温度15℃以上。要求湿度高。初夏分株繁殖。

9. 肾蕨

骨碎补科多年生常绿草本，地生或附生，叶丛生。原产于热带、亚热带森林中，性喜温暖、湿润和半阴的环境，稍耐寒；要求肥沃的微酸性土壤。以分株为主，也可用孢子播种育苗。

10. 铁线蕨

铁线蕨科多年生常绿草本，地下根状茎横走，被有淡棕色针形鳞片，叶柄细长，栗黑色，形如铁丝。性喜温暖、湿润和半阴的环境，比肾蕨更能耐阴；要求含有石灰质的砂质壤土，为钙质土指示植物。春秋分株，也可孢子繁殖。

11. 鹿角蕨

水龙骨科多年生附生性草本，叶有两种，一种为"裸叶"（不育叶），圆形呈盾状，边缘波状，绿白色，后为褐色；另一种为"实叶"（生育叶），片三角状，丛生，下垂，幼时为灰绿色，成熟时为深绿色；先端宽而有分叉，形如鹿角而得名。天然条件下，附生于树干分枝或开裂处、潮湿的岩石或泥炭上。性喜高温、多湿和半阴的环境，根部要通风透气，耐旱、不耐寒；要求疏松且通气性能极好的栽培基质。以分株为主，全年均可进行，但以6—7月最佳，5月对老植株进行分株；也可孢子繁殖。

12. 鸟巢蕨

铁角蕨科多年生常绿大型附生草本，地下根茎短，有纤维状分枝并被有条形鳞片。叶片辐射状，丛生于根茎顶部，叶丛中央空如鸟巢。性喜高温、多湿和半阴的环境，常附生于雨林中的树干和潮湿的崖石上，不耐寒；要求疏松、肥沃和透气性能好的栽培基质。通常孢子繁殖。

【思考题】

观叶花卉主要集中在哪几个科？它们大部分都具有什么特点？养护管理中主要注意哪些方面？

三、其他常见宿根花卉的盆栽技术

1. 红掌

天南星科多年生常绿草本植物，可常年开花，一般植株长到一定时期，每个叶腋处都能抽生花蕾并开花。红掌原产于哥斯达黎加、哥伦比亚等热带雨林区，常附生在树上，有时附生在岩石上或直接生长在地上，性喜温暖、潮湿、半阴的环境，忌阳光直射。

2. 观赏凤梨

凤梨科多年生常绿植物。叶丛生，呈莲座状，剑形，上面微凹，边缘具细刺，灰绿色。花序顶生，苞叶绿色，花蓝紫色。其园艺观赏品种有很多喜温暖湿润和阳光充足的环境。喜疏松、透气性佳、排水良好、微酸性土壤。

3. 君子兰

石蒜科君子兰属多年生草本花卉，肉质根粗壮，茎分根茎和假鳞茎两部分。叶剑形，互生，排列整齐，长30~50cm，聚伞花序，可着生小花10~60朵，冬春开花，尤以冬季为多，既怕炎热又不耐寒，喜欢半阴而湿润的环境，畏强烈的直射阳光，生长的最佳温度在18~22℃之间，5℃以下或30℃以上时生长受抑制。君子兰喜欢通风的环境，喜深厚肥沃疏松的土壤，适宜室内培养。

4. 四季秋海棠

秋海棠科多年生常绿草本，属须根类，茎直立，肉质、光滑，多分枝。园艺品种有矮性种、高性种，花有单瓣、重瓣，花色有红色、白色、粉色等色。叶有绿色或古铜色。喜温暖、湿润、半阴的环境，冬春季要有充足光照，不耐寒，要求肥沃、排水通畅的土壤。

【思考题】

请重点了解君子兰的盆栽管理。

随堂练习

随堂练习18

任务小结

宿根类花卉用作盆栽的品种很多，除了本任务介绍的兰花和室内观叶花卉外，还有部分作为年宵盆花上市的观花类宿根也非常典型，需要重点关注。

任务 3　球根花卉盆栽技术

✋ **主要内容**

一、球根花卉概述

（一）球根花卉的概念

球根花卉概述及
常见种类介绍

植株地下部分（地下茎或地下根）变态膨大，有些在地下形成球状物或块状物，大量贮藏养分的多年生草本花卉称为球根花卉。

（二）球根花卉生长习性及对环境条件的要求

球根花卉从播种到开花常需数年，在此期间，球根逐年长大，只进行营养生长。待球根达到一定大小时，开始分化花芽、开花结实。也有部分球根花卉，播种后当年或次年即可开花，如大丽花、美人蕉、仙客来等。对于不能产生种子的球根花卉，则用分球法繁殖。球根栽植后，经过生长发育，到新球根形成、原有球根死亡的过程，称为球根演替。有些球根花卉的球根一年或跨年更新一次，如郁金香、唐菖蒲等；另一些球根花卉需连续数年才能实现球根演替，如水仙、风信子等。

球根花卉的休眠根据原产地不同，可分为夏季高温期休眠和冬季低温期休眠两种。

球根花卉种类很多，园艺品种更多，分布面广，所需的生长环境条件相差很大。现从对环境条件的共性要求做简单介绍。

1. 光照条件

球根花卉除百合的部分品种能耐半阴外，其余的种类均需充足的阳光；光照不足（如冬季）将会出现花蕾脱落或花萎缩，而且还会影响种球的生长。

2. 温度条件

球根花卉对温度的要求可以分为两类：一类原产于热带、亚热带，大多属于春植球根；另一类原产于温带，一般都喜欢冷凉的气候，较耐寒，大多属于秋植球根类。秋季栽植的球根花卉，入冬前，根系及芽生长；入冬后，根和芽在土壤中停止生长，在地下过冬；春季一到，迅速生长开花；到了夏季，则进入休眠期。这类球根花卉的耐寒性因种类不同差异很大。

3. 水分条件

球根花卉抗旱性较强，积水易造成种球腐烂，整株死亡，当种球快成熟时要保持土壤干燥，但在植株生长期又要保持土壤湿润。

4. 基质条件

球根花卉喜疏松、肥沃、排水良好的基质。质地黏重、排水不好的基质不利于种球的生长。

（三）球根花卉的分类

1. 根据种球的来源以及形态分类

（1）球茎类（图 4-19）　地下茎短缩膨大呈实心球状或扁球形，其上有环状的节，节上着生膜质鳞叶和侧芽；球茎基部常分生多数小球茎，称子球，可用于繁殖，如唐菖蒲、小苍兰、番红花等。

（2）鳞茎类（图4-20）　地下茎变态而成，呈圆盘状的鳞茎盘。其上着生多数肉质膨大的鳞叶，整体呈球状，又分为有皮鳞茎和无皮鳞茎。有皮鳞茎外被干膜状鳞叶，肉质鳞叶层状着生，故又名层状鳞茎，如水仙及郁金香。无皮鳞茎则不包被膜状物，肉质鳞叶片状，沿鳞茎中轴整齐抱合着生，又称为片状鳞茎，如百合等。有的百合（如卷丹），地上茎叶腋处产生小鳞茎（珠芽），可用于繁殖。有皮鳞茎较耐干燥，不必保湿贮藏；而无皮鳞茎贮藏时，必须保持适度湿润。

（3）块茎类（图片4-21）　地下茎或地上茎膨大呈不规则实心块状或球状，上面具螺旋状排列的芽眼，无干膜质鳞叶。部分球根花卉可在块茎上方生小块茎，常用于繁殖，如马蹄莲等；而仙客来、大岩桐、球根秋海棠等，不分生小块茎；秋海棠地上茎叶腋处能产生小块茎，可用于繁殖。

图4-19　球茎类球根花卉

图4-20　鳞茎类球根花卉

图4-21　块茎类球根花卉

（4）根茎类（图4-22）　地下茎呈根状膨大，具分枝，横向生长，而在地下分布较浅，如大花美人蕉、鸢尾类和荷花等。

（5）块根类（图4-23）　由不定根经异常的次生生长，增生大量薄壁组织而形成，其中贮藏大量养分。块根不能萌生不定芽，繁殖时须带有能发芽的根颈部，如大丽花和花毛茛等。

图4-22　根茎类球根花卉

图4-23　块根类球根花卉

2. 根据原产地分类

球根花卉有两个主要原产地区。一个是以地中海沿岸为代表的冬雨地区，包括小亚细亚、好望角和美国加利福尼亚等地。这些地区秋、冬、春降雨，夏季干旱，从秋至春是生长季，是秋植球根花卉的主要原产地区。秋天栽植，秋冬生长，春季开花，夏季休眠。这类球根花卉较耐寒、喜凉爽气候而不耐炎热，如郁金香、水仙、百合、风信子等。另一个是以南非（好望角除外）为代表的夏雨地区，包括中南美洲和北半球温带，夏季雨量充沛，冬季干旱或寒冷，由春至秋为生长季。春季栽植，夏季开花，冬季休眠。此类球根花卉生长期要求较高温度，不耐寒。春植球根花卉一般在生长期（夏季）进行花芽分化；秋植球根花卉多在休眠期（夏季）进行花芽分化，此时提供适宜的环境条件，是增加开花数量和提高品质的重要措施。球根花卉多要求日照充足、不耐水湿（水生和湿生者除外），喜疏松肥沃、排水良好的砂质壤土（图 4-24 和图 4-25）。

图 4-24 欧洲银莲花

图 4-25 百合

（四）球根花卉的休眠

对能正常复花的球根花卉，其休眠期的处理尤其重要，它关系到来年能否正常复花。一般休眠期应注意减少光照，置于通风凉爽的场所，避免阳光直射，有条件可以搭建遮荫棚；同时避免雨淋，防止盆土积水引起植株的根部或球部腐烂；休眠期一般停止施肥，否则容易引起烂根或烂球，导致整个植株枯死。

（五）球根采收与贮藏

球根花卉停止生长后叶片呈现萎黄时，即可采球茎，管理得当，来年重新下种还可复花。

1. 球根采收

1）采收要适时。采收过早，球根不充实；采收过晚，地上部分枯落，采收时易遗漏子球。以叶变黄 1/2~2/3 时为采收适期。采收应选晴天，基质湿度适当时进行。采收中要防止人为的品种混杂，并剔除病球、伤球。

2）采后要处理掘出的球根，去掉附土，表面晾干后对种球进行分级分类，根据种球的大小和分级标准，把种球分为若干等级，并把子球和不全规格的球作为一类用于次年的继续培大。根据不同球根对贮藏和环境的要求进行正确安全的贮藏。在贮藏中通风要求不高，但对需保持适度湿润的种类，如美人蕉、大丽花等，多混入湿润砂土堆藏；对要求通风干燥贮藏的种类，如唐菖蒲、郁金香、水仙及风信子等，宜摊放于底为粗铁丝网的球根贮藏箱内。

2. 球根贮藏

球根贮藏是指球根成熟采掘后，放置室内并给予一定条件以利其适时栽植或出售的措施和过程。球根贮藏可分为自然贮藏和调控贮藏两种类型。

1）自然贮藏是指贮藏期间，对环境不加人工调控措施，促使球根在常规室内环境中度过休眠期。在商品球出售前的休眠期或用于正常花期生产切花的球根，多采用自然贮藏。

2）调控贮藏是指在贮藏期运用人工调控措施，以达到控制休眠、促进花芽分化、提高成花率和抑制病虫害等目的。常用药物处理、温度调节和气调（气体成分调节）等，以调控球根的生理过程。如郁金香若在自然条件下贮藏，则一般10月栽种，翌年4月才能开花。如运用低温贮藏（17℃经3个星期，然后5℃经10个星期），即可促进花芽分化，将秋季至春季前的露地越冬过程，提早到贮藏期来完成，使郁金香可在栽后50~60天开花。这样做不仅可以缩短栽培时间，而且可以与其他措施相结合，设法达到周年供花的目的。

球根的调控贮藏，可提高成花率与球根品质，还能催延花期，故已成为球根经营的重要措施。如对中国水仙的气调贮藏，需在相对黑暗的贮藏环境下适当提高室温，并配合乙烯处理，就能使每球花莛平均数提高一倍以上，从而成为"多花水仙"。

【思考题】

根据球根的来源和形态分类的五种种球，其本质特征以及繁殖上的区别有哪些？

随堂练习

随堂练习19

二、几种典型球根花卉盆栽技术

球根花卉的
种植养护

（一）郁金香

1. 形态特征

郁金香，百合科，郁金香属，多年生草本植物。原产于地中海沿岸、中亚细亚、土耳其，中亚为分布中心，后传入欧洲，并扎根于荷兰。原产地的气候特点是冬季不太冷，夏季凉爽、干燥无雨，平均温度为18~22℃。我国约产14种，主要分布在新疆地区。国内主要供应圣诞节、元旦、春节市场，多以切花和盆花为主；春季公园展览用花；家庭庭院种植。

2. 生态习性

地中海的气候，使郁金香形成适应冬季湿冷和夏季干热的特点，其特性为夏季休眠、秋冬生根并萌发新芽但不出土，需经冬季低温后第二年2月上旬左右（温度在5℃以上）开始伸展生长形成茎叶，3—4月开花。生长开花适温为15~20℃。

郁金香属于长日照花卉，性喜向阳、避风，冬季温暖湿润，夏季凉爽干燥的气候。8℃以上即可正常生长。郁金香耐寒力强，冬季球根地下部可耐 –34℃的低温；生根需5℃以上、14℃以下，以9~10℃最为适合；生长期适温为5~20℃，最佳适温15~18℃；花芽分化在鳞茎贮藏期内完成，适温为17~23℃；地下鳞茎是一个典型的变态茎，寿命通常为1年；基部1~2个较大的子鳞茎，在花后将发育成更新鳞茎；母鳞茎每层鳞片腋内均有一个子鳞茎，将来发育成子球；根系属于肉质根，再生能力弱，一旦折断难以继续生长。要求腐殖质丰富、疏松肥沃、排水良好的微酸性沙质壤土。忌碱土和连作。

3. 种球类型

郁金香种球在用途上分为5℃处理球、9℃处理球、自然球三类，常用的规格为11/12，12+。

（1）5℃郁金香球　种球经过中间温度的变温处理后，进入温度为5℃或2℃的低温贮藏室内进行8~14周温度处理，待打破休眠后，直接进入温室栽培。

（2）9℃郁金香球（又称为9℃预冷）　冷处理是在变温处理后，种球进入9℃的低温贮藏室处理，一般在取出时低温没有完全满足，往往要与栽培的措施结合起来（主要是进生根室继续低温并发根），因此又叫9℃预冷。

5℃/9℃郁金香球花期可提前到圣诞节、新年和春节。国内大部分种植业者没有冷库生根室，因此市场上主要使用5℃处理球，而荷兰和欧洲其他国家多使用9℃处理球。相比较而言，5℃球的种球风险会更大些。

（3）自然球（公园球）　自然球是指没有经过低温冷处理的种球。所需要的低温要从自然气候中获得，花期为每年的4—5月。郁金香自然球也可以用于切花、盆花等的栽培，但在我国，多作为春天的公园展览用球及家庭庭院种植。

4. 种植

（1）介质配制　参考配方为进口苔藓泥炭60%、蛭石30%、珍珠岩10%。泥炭最好用40%五氯硝基苯粉剂进行消毒。需先破碎泥炭，碎好后摊平，珍珠岩沿泥炭堆上方环绕撒出，并加入21-5-12控释肥2kg/m³，并适当洒水。介质润湿即可，以捏一把在手上无滴出水来且手松抖动即散为好。

（2）剥皮　剥去种球根盘周围的褐色表皮（图4-26）。外表皮较为坚硬，如果不去除会影响到根盘生根。

（3）种球消毒　将剥去根盘周围褐色表皮的种球浸泡在广谱杀菌剂中消毒。

（4）上盆　去除种球根盘外表皮后，先在盆底铺上3cm左右的基质，一般140mm的花盆可种植3个种球。种植时芽尽量朝向盆壁（图4-27），然后盖上基质，浇透水一次。最后在上面覆盖上一层沙（图4-28），以确保生根时种球不被顶出土面。再浇一次透水。

图4-26　郁金香剥皮

5. 种后管理

（1）促生根（图4-29）　郁金香种植后3周左右时间为生根期。生根期内保证郁金香种球根盘处的土温在9~12℃范围内，种植者可通过重遮荫和浇冷水来降低土壤温度，且尽可能避免温度的剧烈变化。生根期内郁金香不需要光照，种植者可用2层遮阳网或草帘覆盖温室，同时保证温室通风。生根期内，除非介质非常干燥需要少量、局部补水，否则不建议再浇水。在生根期内，尽管采用

2 层遮阳网等措施来覆盖整个温室，温室里面的空气和介质的温度仍有可能过高，甚至超过 20℃（特别是南方），这样会导致植株生根非常差和后期严重的盲花现象，或植株矮小。

图 4-27　郁金香种植

图 4-28　河沙覆盖

　　（2）光照和温度管理　当郁金香长出根系，种植就已经成功了一大半。生根期后，植株开始见光，需要去除遮阳网等遮荫物，同时保证温室的温度保持在 15~17℃之间，直到开花。由于这个时期，许多地方都进入寒冬，为了保证到达该温度，种植者需要加温，尤其在夜晚。但是反对采用闷棚的方式来保温，这样往往使得温室内的湿度过高，极易导致一系列的生理病害和灰霉病。后期花蕾完全着色后，应防止阳光直射，并将植株放在 10℃的环境中，以延长开花时间。

图 4-29　郁金香长根

　　生根期过后，温室内的空气温度低于 15℃，甚至在夜晚低于 10℃，会导致植物花期延迟。升温时，一定不要让废气和烟进入温室，否则，温室的郁金香可能会死亡。

　　（3）水分管理　种球种植后，进行适当的浇水，以提供植株生长足够的水分。出芽后应适当控水，待叶逐渐伸长，可在叶面喷水，增加空气湿度，抽花苔期和现蕾期要保证充足的水分供应，以促使花朵充分发育；开花后，适当控水。必须注意的是，浇水后应注意通风，不能使植株以湿润的状态过夜，避免灰霉菌的感染。相对湿度控制在 60%~80% 之间，而且必须经常检查，最好在植株顶部位置设置湿度计。相对湿度过低会延缓植株的发育，过高则会增加倒伏、感染灰霉菌、植株弯曲和盲花的危险。相对湿度过高可通过通风来降低，条件许可时，可与稍微加热同时进行。

　　（4）肥料管理　通常郁金香不需要施肥，必要时可考虑施一些氮肥及钙肥。生根后，每 100m² 施 2kg 的硝酸钙，分 3 次施入，每两次间隔一周。硝酸钙中的钙离子还可以预防郁金香猝倒。

　　（5）花期调控　郁金香种球必须经过一定的低温才能开花，在原产地，冬季一般有充足的低温时间，郁金香种球能够获得足够的低温处理时间，可以在春天自然开花。但在我国，园艺生产郁金香盆花主要是为了赶圣诞、元旦、春节档期。过了这三个档期，销量很低。为了赶这三个档期，一般在生产上使用郁金香 5℃处理球，处理后的种植方法主要是温室、大棚的加温促成栽培。

在华东地区，栽培郁金香受温度的限制。通常在 11 月下旬前种植的郁金香均需入 9~12℃的冷库中进行预先催根，约 2~3 周待郁金香球茎已长根，芽约 1~2cm 长时，再将其移出冷库置于栽植棚内或温室内生长。11 月底种植的郁金香则有自然低温可正常生根。

郁金香对温度敏感，在华东地区出现"暖冬"的天气，往往就会使大批郁金香提前开花，花的品质也大受影响。为保证郁金香能准时开花，在生长期中应尽量保持日间温度 17~20℃，夜间温度 10~12℃；温度高时可通过遮光、通风降低温度；温度过低时可通过加温、增加光照促进生长。用控水来抑制生长，会出现"干花"现象。如持续高温，箱装的可将箱移入冷库，注意冷库温度应在 8~10℃左右，而且最好在花茎抽长时移入，否则易造成花蕾发育不良。

（二）花毛莨（图 4-30）

1. 形态特征

毛莨科球根花卉。株高 20~40cm，块根纺锤形，常数个聚生于根颈部；茎单生，或少数分枝，有毛；基生叶阔卵形、具长柄，茎生叶无柄，为二回三出羽状复叶；花单生或数朵顶生，花径 3~4cm；花期 4—5 月。地下具纺锤状小块根，长约 2cm，直径 1cm。地上株丛高约 30cm，茎长纤细而直立，分枝少，具刚毛。根生叶具长柄，椭圆形，多为三出叶，有粗钝锯齿。茎生叶近无柄，羽状细裂，裂片 5~6 枚，叶缘也有钝锯齿。单花着生枝顶，或自叶腋间抽生出很长的花梗，花冠丰圆，花瓣平展，每轮 8 枚，错落叠层，花径 3~4cm 或

图 4-30　花毛莨

更大，常数个聚生于根颈部。春季抽生地上茎，单生或少数分枝。茎生叶无叶柄，基生叶有长柄，形似芹菜。每一花莛有花 1~4 朵。花毛莨有盆栽种和切花种之分。

2. 生态习性

喜凉爽及半阴环境，忌炎热，适宜的生长温度白天 20℃左右，夜间 7~10℃，既怕湿又怕旱，宜种植于排水良好、肥沃疏松的中性或偏碱性土壤。6 月后块根进入休眠期。花毛莨原产于以土耳其为中心的亚洲西部和欧洲东南部，性喜气候温和、空气清新湿润、生长环境疏荫，不耐严寒冷冻，更怕酷暑烈日。在中国大部分地区夏季进入休眠状态。盆栽要求富含腐殖质、疏松肥沃、通透性能强的沙质培养土。

3. 育苗

（1）播种　需控制种子发芽适温在 10~15℃，约 20 天发芽。若早播，则温度高于 20℃不发芽，直至下降到发芽温度，播后发芽所需时间长；若晚播，则越冬前营养生长量不足，翌春开花小；播种太晚，温度低于 5℃也不能发芽，直至翌年 2 月份温度升高后才能发芽。实生苗栽培，虽然秋季播种，翌年春天能开花，但第一年的实生苗，花瓣少，花径小，观赏价值较低。

（2）分割块根（图 4-31~ 图 4-34）　9—10 月间将块根带根茎瓣开，以 3~4 根为一株。种前用温水先浸泡块根 2~3 小时有利于发芽，轻轻抖去泥土，覆土不宜过深，埋入块根即可。盆栽用 18~20cm 直径陶盆，选用混合肥土。一般切花、盆花以及用作花坛栽培的，都选用一年生实生苗的

球根种植。

图4-31　花毛茛块根分割（一）

图4-32　花毛茛块根分割（二）

图4-33　花毛茛块根催芽

图4-34　花毛茛块根长根

4. 上盆定植

幼苗长出4~5枚真叶时，即可分苗移栽上盆。起苗时，用花铲依次掘起幼苗，尽量多带宿土，减少对根系的伤害。为培育优质盆花，增大冠径，每盆栽花苗3~5株，花盆口径16~20cm。移苗后及时浇定根水，让根系与土壤密接，并加盖遮阳网，以利缓苗，成活后在全光照下养护。

5. 苗期管理

苗期指上盆后到10枚真叶。此时光照过强需搭遮阳网；为防止幼苗徒长，以白天温度低于15℃，夜间温度为5~8℃，温差小于10℃时生长最好。温度长期持续在20℃以上时，会使叶片黄化。冬季气温降至5℃时，应采取防寒措施，加盖塑料薄膜保温。晴天中午温度升高，要注意通风降温，合理利用日光，将大棚温度控制在5~10℃，让幼苗一直处于生长状态；控制浇水，不干不浇，土壤太湿易造成幼根腐烂；浇水时尽量慢浇，防止水流过快冲出幼根或冲走基质；每隔10~15天，结合浇水浇施0.1%的尿素和KH_2PO_4混合液或追施0.3%的液态复合肥一次。

6. 花前管理

从幼苗长出约10片基生叶至植株抽生直立茎，形成花蕾前，即营养生长期。此阶段土壤不能缺水，否则植株生长矮小、分蘖少、根系不发达，影响花芽形成；但土壤过湿易烂根和发生病害，造成植株生长不良；随着基生叶增多，株丛增大，每7~10天施一次氮、磷、钾比例为3：2：2的复合肥水溶液，并逐渐增加施肥的浓度和次数。适当喷施1~2次以磷、钾为主的叶面肥，直至现蕾；根据植株的生长情况，适时拉开盆距，摘除黄叶和病残叶，防止植株密度过大，造成徒长和通风不良。加强病虫害防治，发现病株及时拔除，定期喷洒广谱杀菌剂灭菌；随时监控斑潜蝇、蚜虫等虫害的发生。以防为主，将病虫害杀灭在发生初期。

7. 花期管理

从花蕾形成、发育至开花这一段时间为花期（图 4-35 和图 4-36）。在花蕾形成和发育过程中，需肥量大，应每隔 7~10 天施稀薄饼肥液加 0.2% 的 KH_2PO_4 溶液一次；为集中养分促使花大，现蕾初期应进行疏蕾，每株选 3~5 个健壮花蕾，其余全部摘除；为降低花毛茛高度，使株形更美，提高观赏价值，在花茎抽发初期至花蕾长出叶丛前，用 0.2%~0.4% 的 B-9（比久）对茎顶与叶面喷洒，每 10 天一次，共进行 2~3 次。此外，也可以在现蕾时喷一次 15% 多效唑粉剂水溶液，现蕾早晚应分批喷，喷时不可重复。花期浇水要适量均衡，保持土壤湿润，缺水将影响开花，致使花期短、色彩不艳，叶片黄化。开花时遇高温强光的天气，及时遮荫，通风降温，防止叶片变黄。如温度保持在 15~18℃，及时剪掉开败的残花，花期可长达 1~2 个月。

图 4-35　花毛茛长出花蕾

图 4-36　花毛茛开花

8. 花后管理

花谢后至地上部茎叶逐渐枯黄，种子发育成熟，地下块根增大，进入休眠，为花后生长期。对不留种的植株，当花瓣脱落后，应及时剪掉残花、摘去幼果穗；适时浇水，追施 1~2 次以磷、钾为主的液肥。定期喷洒药剂，防治病虫害，尤其是要预防斑潜蝇的危害；充分利用从花谢后到枝叶枯黄这段时间，使花毛茛正常生长，制造更多的营养输送给地下块根，促其增大，发育充实饱满。入夏后温度升高，要停止施肥和浇水，当枝叶完全枯黄时，选择连续 2~3 天晴天采收块根，为避免损伤，要小心细致逐个挖取。块根采后经冲洗、杀菌消毒、晾干后，再贮藏至秋季栽种。

9. 块根采收及贮藏

1）及时采收。茎叶完全枯黄，营养全部积聚到块根时，及时进行采收，切忌过早或过晚。采收过早，块根营养不足，发育不够充实，贮藏时，抗病能力弱，易被细菌感染而腐烂；采收过晚，正值高温多雨的夏季，空气湿度大，土壤含水量高，块根在土壤中易腐烂。最好选择能够持续 2~3 天的干燥晴天采挖。为避免碰伤块根，要小心细致逐个挖取。采收的块根应去掉泥土等杂物，剪去地上部分枯死茎叶，剔除病伤残块根。按大小分级后，用水冲洗干净，放入 50% 多菌灵可湿性粉剂 800 倍溶液中浸泡 2~3 分钟，消毒灭菌。随后捞出，摊晾在通风良好无阳光直射的场所。摊层宜薄，便于散热和水分蒸发，防止块根发热升温，伤害芽眼或霉变。

2）采后经处理晾干水分的块根，要及时贮藏。如随便堆放，不加任何保护措施，处于休眠状态的块根易遭受病虫侵害或高温高湿等不利条件的伤害而发霉腐烂变质。将花毛茛块根装入竹篓、有孔纸箱、木箱等容器中，内附防水纸或衬垫物，厚度不超过 20cm，放在通风干燥阴凉避雨处贮藏；或将块根装入布袋、纸袋、塑料编织袋中，在常温条件下，挂在室内通风干燥处贮藏。

（三）其他常见球根花卉

1. 风信子（图4-37）

（1）基本信息　风信子为百合科多年生球根花卉，原产于小亚细亚，现已在世界各地广泛栽培。花茎肉质，花葶高15~35cm，中空，端着生总状花序；小花10~20朵密生上部，多横向生长，少有下垂，漏斗形。自然花期一般为3—4月。

（2）生态习性及养护　夏季休眠，秋冬生根，早春萌发新芽，3月开花，6月上旬地上部分枯萎而进入休眠。在休眠期进行花芽分化，分化适温25℃左右，分化过程1个月左右。风信子习性喜阳、耐寒。喜冬季温暖湿润、夏季凉爽稍干燥、阳光充足或半阴的环境。喜肥，宜肥沃、排水良好的砂质壤土。地植、盆栽、水养均可。忌积水。

（3）品种分类　风信子园艺品种约2000多个，根据其花色大致分为蓝色、粉红色、白色、紫色、黄色、绯红色、红色七个品系。

盆栽时一般18cm口径盆种3棵，基质与郁金香同，另外覆土需盖过球根顶部。

2. 洋水仙（图4-38）

（1）基本信息　为石蒜科多年生球根花卉。原产于欧洲，分布于西班牙、葡萄牙、德国、英格兰和威尔士等地，中国引种栽培供观赏，其花茎挺拔，花朵硕大，副花冠多变，花色温柔和谐，清香诱人，是世界著名的球根花卉。

（2）形态特征　花葶高20~30cm，每葶开花一枝。花大，黄色或淡黄色，稍有香味，横向或斜上方开放，花径大者可达10cm。花期3—4月。

（3）生态习性及养护　洋水仙是温带性球根花卉，喜好冷凉的气候，忌高温多湿，生长发育适温为10~15℃。夏季地上部分枯死，植株进入休眠状态。夏季高温后，必须经过低温春化过程才能开花。

图4-37　风信子

图4-38　洋水仙

洋水仙与中国水仙（图4-39）的区别主要表现在以下几个方面。

1）花形：花比中国水仙大许多，且颜色更加多变、艳丽。

2）香味：不如中国水仙那么浓重，只是一般草花的香气。

3）花期：比较晚，一般在 3—4 月间，而中国水仙在 1—2 月间。

4）鳞茎：鳞茎分枝较少，外表皮颜色较浅，容易剥落。

3. 番红花（图 4-40）

（1）基本信息　番红花是一种鸢尾科，属于多年生花卉，也是一种常见的香料。番红花是西南亚原生种，但由希腊人最先开始人工栽培。主要分布在欧洲、地中海及中亚等地，明朝时传入中国。

（2）形态特征　球茎扁圆球形，叶条形，灰绿色，边缘反卷；花茎甚短，不伸出地面；花 1~2 朵，淡蓝色、红紫色或白色，有香味。

（3）生态习性及养护　喜冷凉湿润和半阴环境，较耐寒，宜排水良好、腐殖质丰富的砂质壤土。秋季开始萌动，经冬、春两季生长期开花，夏季进入休眠期。花期在 2—3 月，花朵日开夜闭。

图 4-39　中国水仙

图 4-40　番红花

4. 葡萄风信子（图 4-41）

（1）基本信息　葡萄风信子为百合科多年生球根花卉，原产于法国、德国及波兰南部，后引入中国华北地区，在河北、江苏、四川等省均有栽培。

（2）形态特征　花莛高 15~20cm，顶端簇生 10~20 朵小坛状花，整个花序犹如蓝紫色的葡萄串，秀丽高雅。有很多品种，颜色以蓝紫色、白色、粉红色为主，是一种优良观花地被。

（3）生态习性及养护　性喜温暖、凉爽气候，喜光亦耐阴，适生温度 15~30℃，夏季休眠，冬季叶片常绿，抗寒性较强，在北京地区仅叶端枯黄。宜于在疏松、肥沃、排水良好的砂质壤土上生长。一般在冬季到来之前下种，第二年 3—4 月开花，多年复花。

5. 西班牙蓝铃花（图 4-42）

（1）基本信息　百合科多年生球根花卉，原产于欧亚地区。钟形花六瓣，花的底部收束，而顶部打得极开，花药为蓝色，几乎没有芳香气味。花朵通常有蓝色、白色和粉红色。在冬季到来之前下种，第二年 3—4 月开花，花钟状，簇生，植株相对较大。

（2）生态习性及养护　喜阳光或半阴，间干间湿的土壤环境。很耐寒。喜薄肥勤施。

图 4-41　葡萄风信子　　　　　　　　　图 4-42　西班牙蓝铃花

6. 唐菖蒲（图 4-43）

（1）基本信息　别名十样锦、剑兰、菖兰。鸢尾科多年生草本。球茎扁圆球形，其原种来自南非好望角，经多次种间杂交而成，栽培品种广布世界各地。主要生产国为美国、荷兰、以色列及日本等。与月季、康乃馨和菊花被誉为"四大切花"。

（2）生态习性及养护　长日照花卉，生长过程中，需较长时间的光照，特别是叶子萌发后，第三片叶子出现至开花应尽可能增加光照；喜温暖，不耐寒，生长室温为 20~25℃，球茎在 5℃以上的土温中即能萌芽，冬季球根需在室内越冬，室温不得低于 0℃；栽植土壤需透气性好，

图 4-43　唐菖蒲

pH 值在 6~7 之间，肥沃的砂质土壤为宜，土壤 pH 值低于 5 会引起氟中毒，pH 值高于 7.5 会引起缺素症，可通过在土壤中施有机肥来预防；不耐涝，不宜浇水过多，以避免造成根茎腐烂；新种植的球根对盐分很敏感，一般在种植后 3~4 周才施肥，在苗期多追施磷钾肥，既可提高花和球茎的质量，还可增强植株的抗病、抗倒伏能力。

7. 朱顶红（图 4-44）

（1）基本信息　朱顶红是石蒜科多年生球根植物，鳞茎肥大，近球形，直径 5~10cm，商品种球规格有 24-26，26-28，28-30，30-32，供应时间 9 月底—12 月。外皮淡绿色或黄褐色。朱顶红品种众多，被广泛用于盆栽，具有极高的观赏价值。

（2）形态特征　朱顶红总花梗中空，被有白粉，顶端着花 2~6

图 4-44　朱顶红

朵，花喇叭形，花期有深秋以及春季到初夏，甚至有的品种初秋到春节开花。

（3）生态习性及养护　喜温暖湿润气候，生长适温为 18~25℃，忌酷热，阳光不宜过于强烈。怕水涝。冬季休眠期，要求冷凉的气候，以 10~12℃ 为宜，不得低于 5℃。喜富含腐殖质、排水良好的砂质壤土。

（4）品种分类　朱顶红原生品种和园艺栽培品种常见的有 1000 多种，商用品种主要来源于荷兰、巴西和南非等国。有大花品种，也有小花品种；有单瓣品种，也有重瓣品种。原产于南非的特殊品种，供应时间在 3—5 月，春夏季开花。

8. 彩色马蹄莲（图 4-45）

（1）基本信息　彩色马蹄莲为天南星科多年生球根花卉，原产于非洲，是近几年来发展较快、非常有发展潜质的花卉种类。其色彩富丽、形态高雅，广泛应用于切花和盆花栽培，正逐渐成为花卉市场的新宠。

（2）形态特征　肉质块茎肥大，叶片亮绿色，肉穗花序直立于佛焰中央，佛焰苞似马蹄状，有白色、黄色、粉红色、红色、紫色等，品种很多。

图 4-45　彩色马蹄莲

（3）生态习性及养护　喜温暖湿润荫蔽的环境，不耐寒，生长适合温度为 15~24℃，花期温度不低于 10℃。喜阳光，冬季需要充足的光照，夏季避免阳光直晒。对水分要求比较高，要避免过分干旱，而水分过多易引起根腐病。花期比较长，长江以北地区室内栽培一般花期为 12 月底至翌年 4 月，其中 2—3 月为盛花期。长江以南地区花期在 12 月至翌年 3 月。花期主要受温度、光照的影响，通过控制温度、光照可以周年供花。

9. 球根海棠（图 4-46）

（1）基本信息　秋海棠科多年生块茎花卉。大而多，色彩艳丽，姿态优美；兼有茶花、牡丹、月季等名花的姿、色、香，为秋海棠之冠。

（2）形态特征　茎肉质，有毛、直立。地下茎块为不规则的扁球形，株高为 30~100cm。

（3）生态习性及养护　喜温暖，畏严寒和酷热，生长

图 4-46　球根海棠

适温 16~21℃，相对湿度 70%~80%，球根储存的温度 5~10℃，冬季越冬温度 5℃以上，超过 35℃ 在半干燥条件下叶子全部脱落，球根休眠，潮湿条件下则腐烂死亡，昼夜温差大的地方开花量大；种植时间长江以南地区 3—4 月，以北地区 4—5 月；口径 15~20cm 的花盆，种植时将球根凹陷一面朝上埋于花盆中，覆土深度为球根直径的 1 倍左右；喜半阴条件（光线明亮无直射光），长时间阳光直晒易引起叶片灼伤，过度荫蔽则生长缓慢，开花量少，盆栽室内最好是北向阳台或靠近窗户的室内；疏松、肥沃、排水性良好的微酸性土，建议盆栽用泥炭：珍珠岩：蛭石 =3：1：1，加入适量含磷钾肥料。

球根海棠生长期一般不需要修剪，只需及时清理残花、病叶、老叶。为防止病害的再次感染，垂吊品种必须悬挂起来，避免大风和暴雨。另外夏季球根完全休眠后可将种球挖出清理干净须根和残留茎干，避免种球伤皮，晾干 1~2 天后放置于自封袋并扎 3~5 个小孔，保持冬季温度在 5℃以上，避免结冰和霜冻；也可不起球，逐渐减少浇水强迫休眠，将花盆放置在阴凉通风处避免阳光直射和干热风。

10. 大丽花（图 4-47）

（1）基本信息　别名大理花、天竺牡丹、东洋菊、大丽菊、地瓜花，菊科多年生草本，有巨大棒状块根。茎直立，多分枝，高 1.5~2m，粗壮。原产于墨西哥，墨西哥人把它视为大方、富丽的象征，因此将它尊为国花。目前，世界上多数国家均有栽植，选育新品种时有问世，据统计，大丽花品种已超过 3 万个，是世界上花卉品种最多的物种之一。

（2）生态习性及养护　大丽花喜半阴，阳光过强影响开花，光照时间一般 10~12 小时，培育幼苗时要避免阳光直射，同时生长期要常转盆，防偏冠；喜欢凉爽的气候，9 月下旬开花最大、最艳、最盛，但不耐霜，霜后茎叶立刻枯萎，生长期内对温度要求不严，8~35℃ 均能生长，15~25℃ 为宜；不耐干旱，不耐涝，一般盆栽见土干则浇透水，做到间干间湿，多

图 4-47　大丽花

雨天可倒盆排水；适宜栽培于疏松、排水良好的肥沃砂质壤土中；宜薄肥勤施，忌生肥、浓肥和单施氮肥，生肥、浓肥易烧根，单用氮肥易徒长、茎软倒伏；盆栽中盆底排水孔尽量大，并铺有排水层，一球宜种植于 30~50cm 的花盆中。

【思考题】

秋植球根和春植球根花卉在栽培养护上有哪些差异？

📌 **随堂练习**

随堂练习 20

三、几种球根花卉的水培技术

（一）中国水仙的雕刻水培

1. 形态特征

水仙雕刻水养之一：蟹爪水仙雕刻讲解

石蒜科多年生草本植物。地下部分的鳞茎肥大似洋葱，卵形至广卵状球形，外被棕褐色皮膜。叶狭长带状，二列状着生。花莛中空，扁筒状，通常每球有花莛数支，多者可达 10 余支，每莛数支，至 10 余朵，组成伞房花序。主要分布于中国东南沿海温暖、湿润地区，福建漳州、厦门及上海崇明岛最为有名。水仙花朵秀丽，叶片青翠，花香扑鼻，清秀典雅，已成为世界上有名的冬季室内陈设花卉之一。

（1）根 水仙为须根系，由茎盘上长出，乳白色，肉质，圆柱形，无侧根，质脆弱，易折断，断后不能再生，表皮层由单层细胞组成，横断面长方形，皮层由薄壁细胞构成，椭圆形。为外起源，老根具气道。

（2）鳞茎（图 4-48） 中国水仙的鳞茎为圆锥形或卵圆形。鳞茎外被黄褐色纸质薄膜，称为鳞茎皮。内有肉质、白色、抱合状球茎片数层，各层间均具腋芽，中央部位具花芽，基部与鳞茎盘相连。

（3）叶 中国水仙的叶扁平带状，苍绿，叶面具霜粉，先端钝，叶脉平行。成熟叶长 30~50cm，宽 1~5cm。基部为乳白色的鞘状鳞片，无叶柄。栽培的中国水仙，一般每株有叶 5~9 片，最多可达 11 片。

（4）花 花序轴由叶丛抽出，绿色，圆筒形，中空；外表具明显的凹凸棱形，表皮具蜡粉；长 20~45cm，直径 2~3mm。伞形花序；小花呈扇形着生于花序轴顶端，外有膜质佛焰苞包裹，一般小花 3~7 朵（最多可达 16 朵）；花被基部合生，筒状，裂片 6 枚，开放时平展如盘，白色；副冠杯形鹅黄或鲜黄色（称金盏银台；尚有金盏金台——花瓣副冠均为黄色；银盏银台——花瓣副冠均为白色）。雄蕊 6 枚，雌蕊 1 枚，柱头 3 裂，子房下位。

图 4-48 水仙鳞茎

（5）果实 为小蒴果。蒴果由子房发育而成，熟后由被部开裂。中国水仙为三倍体，不结种实。

2. 生态习性

水仙生长发育各阶段（如营养生长期、鳞茎膨大期、花芽分化期、开花期）需要不同的环境条件。其根、茎、叶、花各部器官对环境条件的要求也不一致。水仙生长期喜冷凉气候，适温为 10~20℃，可耐 0℃低温。鳞茎球在春天膨大，干燥后，在高温中（26℃以上）进行花芽分化。经过休眠的球根，在温度高时可以长根，但不发叶，要随温度下降才发叶，至温度约 6~10℃时抽花苞。在开花期间，如温度过高，开花不良或萎蔫不开花。在温度适当的情况下，它喜光照，也较耐阴。对培养开花的球根，长时间的光照能抑制叶片生长，有助花莛伸长，高出叶片。生长期间好肥水；如缺水，则生长欠佳。生长后期需充分干燥，否则影响芽分化。土壤要疏松、膨软、中性或微酸性。

3. 雕刻水培的意义

（1）提早花期　经过雕刻以后的水仙水养 25 天左右即可开花，而未经雕刻的则需 50~55 天才能开花。

（2）控制株形　通过雕刻可以抑制叶片的生长，使得开花植株的株形比较规整而不会太过散乱。

（3）丰富造型　通过雕刻，可以发挥想象，做成各种可爱、生动的造型，提高观赏性。

4. 水仙鳞茎球的挑选

个头越大，花芽也越多；体大，形扁，质硬，按压有弹性，手感紧实，枯鳞茎皮完整，根尚未长出；表皮呈深褐色，包膜完好，色泽明亮，无枯烂痕迹的球为质量上乘的种球。

5. 蟹形水仙的雕刻法

（1）净化　去除护泥、褐色外皮、枯根、杂质。

（2）划切割线　在水仙芽朝前弯的一面鳞茎，距鳞茎盘 1~1.5cm 划一横切割线至鳞茎两侧中点，由顶端两侧向下作切口与切割线末端相接。

水仙雕刻

（3）开盖　左手握住花球（弯曲面对着自己），右手持雕刻刀，把切割线上的鳞片逐层剥弃，剥除切割线以内鳞片，直至露出淡绿色芽体。

（4）疏除　刻除芽体中间的鳞片。各芽体间的鳞片也剥去部分便于产生空隙，从而对叶苞片、叶片和花梗进行雕刻，留下叶芽后面的 1/4 鳞茎作为后壁墙以便养护。

（5）剥苞　把芽体外白色苞用刀尖挑开至基部，将叶芽外面的叶苞片刮去，碰到弯曲或紧靠的叶芽可用手指轻轻拨开，再用刻刀将苞片刮破；露出叶芽为止。记住在雕刻过程中一定不要碰伤花苞（藏于叶芽里面）。

（6）削叶缘　用圆形刀把所有叶削去 1/5~2/5。为使叶芽和花芽分开便于削叶缘，可用手指向叶芽背后向前（或从叶芽顶端向下稍加压力），然后再从空隙处进刀，从外层至内层，从上往下地把叶缘削去部分（可根据造型需要来确定叶片刮削的宽度）。因为叶缘创伤的部位产生愈伤组织生长缓慢，而没有创伤的部位生长正常，形成生长不平衡，并逐渐向雕刻的方向弯曲。创伤度越大，卷曲也愈大，呈现蟹爪状。

（7）雕花葶梗　根据需要刻去花葶不同部位不同大小的一块皮。可用雕刻刀从上而下将花梗外皮削去 1/4（可根据所需弯曲的方向刮花梗，它将向创伤面弯曲）；如果要使花矮化，可用刻刀的刀尖往花梗的基部正中戳刺一下，或从底部用竹签刺入花梗的基部正中一下即可。

（8）刺花心　用解剖针刺伤花葶基部。

（9）雕侧球　根据需要雕刻。

（10）修整（图 4-49）　将伤口修削平整。

（11）浸洗（图 4-50）　伤口朝下，把鳞茎全部浸入水中 1~2 天，每天用清水冲洗伤口流出的黏液 1~2 次；至基本不留黏液时取出，用脱脂棉盖住伤口和鳞茎盘，放盆内水养。

（12）水养（图 4-51）　把水仙伤口面朝上仰置于水仙盆内，周围填充石子固定，先在阴处养护 1~2 天，待叶片转绿，新根发出后放于阳光充足、温度适宜处养护，每天换以清水，待其开花。

即使按照上面的流程操作，对于初学者还是有几个关键环节容易出现操作失误，需要注意以下几点：从拿到球、工具开始到雕刻完成，不要让手、球、雕刻刀等任何部位接触水，因为雕刻过程中球体会吐黏液，沾水会很滑；划切割线时一定是在水仙芽朝前弯的一面鳞茎，并且距鳞茎盘 1~1.5cm 划一横切割线；雕刻中一定要留下叶芽后面的 1/4~1/2 鳞茎作为后壁墙以便养护，否则如果全部剥除则蟹壳没了；剥苞片过程雕刻刀从上往下剥，以免碰伤花芽（图 4-52）；雕侧球时注意雕刻的方向要与主球的雕刻方向一致。

图 4-49　修整

图 4-50　浸洗

图 4-51　水养

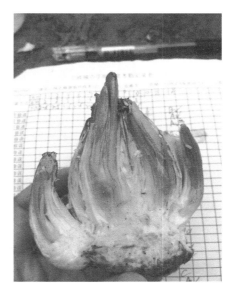

图 4-52　剥苞错误

6. 水养技术

（1）水养条件

① 光：雕好的球应立即用脱脂棉或纸巾包住伤口防止焦黄，并且刚刚水养的雕刻花头不可立即晒太阳，否则叶片、花苞都会脱水焦黄；应置于避开直射阳光的通气之处，待几天后新根长出 2~3cm，叶片由黄转绿，伤口基本愈合，才可搬到有阳光的地方培植。

② 水：一般以保持根须有水为妥（必要时可对植株喷水保湿），切忌将花苞浸入水中。前期一两天换一次水，中后期四五天换一次水。雨水、井水、自来水均可用，自来水经晾晒几天后更好。

③ 肥：水仙花水养一般不必施肥。

水仙雕刻水养
之二：养护

（2）花期控制　水仙花从雕刻到开花为24~30天。一般当花苞的苞皮变薄，能看清苞内花态时，两天即可破口（花苞裂开）。从雕刻之日到破口约需3个多星期，破口后5天左右即可始花，再过三四天便进入盛花期，据此可以确定是否促控。开花可能推迟的，可采用电热升温、电灯照射光照等办法促使水仙开花。如果开花可能提早，那就把花昼夜放到北阳台上，也可在始花前后放入冰箱的冷藏柜内，温度控制在2~4℃，使之几乎停止生长，相差几天放几天（此法也可用于拉长花期和储藏花头）。

（3）水仙哑花　水仙在水养过程中，花茎中途夭折，花蕾枯萎或花蕾未开先衰的现象称为哑花。产生哑花现象的原因如下。

① 水仙球质量差、球体小，花芽发育不良；球体遭受病虫害，根盘干朽，发根少，体质弱。

② 养护不当，换水不勤，光照不足，室温过高，通风不良，造成叶片徒长，花茎瘦弱。此外，换水时碰伤根和花茎，也会导致出现哑花。

③ 水养季节不当，如霜降前鳞茎处于休眠期或清明后气温升高时进行水养，均会出现哑花。

为防止哑花，首先要挑选三年生的优质鳞茎进行水养。水养用水最好使用雨水或池塘水；如用自来水，应贮存一天再用。其次要保证所养水仙光照充足，每日不少于6小时，还要注意室内通风。气温保持在12~15℃，最利于水仙生长。在北方，天气干燥，每天要向水仙植株喷水。

（4）矮化处理

① 化学药剂处理法：应用一些植物生长延缓剂兑水后浸泡水仙球，处理后，水仙的生长受到一定的限制，植株株形较矮小。

② 采用雕刻的方法矮化水仙：具体方法是在水仙叶片生长过程中，用锋利的小刀切去叶片一侧，这样，叶片就会向该侧面反卷，并且还可根据需要设计造型。

实际上，水仙作为我国传统的雕刻水养盆花，除了上述基本雕刻手法外，根据球的长势、观赏的需要等等还有很多雕刻手法。雕刻出来的水仙作品可以配以一定的造型和饰品展现出不一样的风采。

叶片、花梗的雕刻可处理较大的创伤，削去叶宽1/2~3/5的叶片至根盘处，纵刺花梗基部至根盘处。此种雕刻手法难度较大，雕刻时容易过重而伤及花梗。水养过程中因壶内湿度大，易引起叶、花霉烂，出现哑花，故需细心雕刻加精心养护才好。

（二）风信子水培

1. 基本信息

百合科多年生球根花卉，原产于小亚细亚，现已在世界各地广泛栽培；花茎肉质，花茎高15~35cm，中空，端着生总状花序；小花10~20朵密生于上部，多横向生长，少有下垂，漏斗形；自然花期一般为3—4月。

2. 生态习性

夏季休眠，秋冬生根，早春萌发新芽，3月开花，6月上旬地上部分枯萎而进入休眠。在休眠期进行花芽分化，分化适温25℃左右，分化过程1个月左右。风信子习性喜阳、耐寒。喜冬季温暖湿润、夏季凉爽稍干燥、阳光充足或半阴的环境。喜肥，宜肥沃、排水良好的砂质壤土。地植、盆栽、水养均可。忌积水。

3. 品种分类

风信子园艺品种约2000多个，根据其花色大致分为蓝色、粉红色、白色、紫色、黄色、绯红色、红色七个品系。经过长时间的杂交与繁殖栽培，风信子渐渐产生了一些特殊的重瓣品种，国内基本无栽培。

4. 水培技术

一般采用细颈广口透明玻璃瓶，向其中注入清水，下面距离种球底部 2~5mm（勿将种球整个浸于水中），长根期间置于全黑暗环境，温度 9℃左右。随着根系的生长，水面逐渐下降至离根盘约 2cm，促使根系整齐往下生长。待花芽长到 5~8cm 时，可将其移至温暖、阳光充足的环境，最适温度 15~25℃，期间隔一周换一次水，保证水质清洁；若有腐烂，用杀菌剂消毒杀菌。增强通风和阳光照射，换水时注意避免碰断根系。

【思考题】

水培花卉与水生花卉是一个概念吗？如果不是，那么它们的区别在哪里？

随堂练习

随堂练习 21

任务小结

球根花卉是一类非常美丽的花卉，从栽培季节上分主要有春植球根和秋植球根两大类，从栽培方式上有土培和水培之分，但管理相对都比较简单，尤其适合新手栽培。

任务4 木本花卉盆栽技术

主要内容

一、月季盆栽技术

月季分类及养护

（一）月季概述

蔷薇科蔷薇属落叶灌木或藤本，复叶，花单生或成花序，花期春季到秋季，花色、花形丰富，花香馥郁。据文字记载，中国在汉代就已经有栽培蔷薇，也就是公元前 200 多年就已经有记载了。欧洲的蔷薇最早在公元前 600 年希腊就有文字记载。一直到公元 18 世纪后半叶，品种达 100 种以上。

月季被称为花中皇后，又称月月红，是常绿、半常绿低矮灌木，四季开花，除了黑色、纯蓝色外，其他颜色的月季花都可以找到。月季是观赏植物，原产地是中国，后来因为与欧洲的玫瑰、蔷薇等杂交而出现了越来越多可以重复开花的月季品种，目前培育的月季品种有接近三万个。

月季的花形多样，有单瓣和重瓣，重瓣的花朵有高心杯形、碟形、四芯形、莲座形等。月季的自然花期可以从每年的 4 月持续到 11 月左右。月季的适应性强，中国从南到北都可种植，不论地栽、盆栽均可，适用于美化庭院、装点园林、布置花坛、配植花篱和花架。月季栽培容易，可作切花，用于做花束和各种花篮。红色的切花月季更成为情人节必送的礼物之一，并成为爱情诗歌的主题。因为月季姿色多样，四时常开，深受人们的喜爱，中国有 50 多个城市将它选为市花，1985 年 5 月月季被评为中国十大名花之五。

1. 月季分类

美国月季协会（ARS）将月季分成 3 个类别：原种蔷薇、古典月季、现代月季。

我国结合月季生长特点及栽培，将月季分为以下几类。

（1）灌木月季　这一类是一个庞大的类群，有现代月季种群，也有古代月季种群。大多非常耐寒，生长特别繁茂，花有单瓣、重瓣；色彩也很丰富。有的还能结出大量发亮的红色蔷薇果。

（2）藤本月季　属藤性灌木，植株较高大。每年从基部抽生粗壮新枝，于二年生藤枝先端长出较粗壮的侧生枝。性强健，生长迅速，以茎上的钩刺或蔓靠他物攀援。适合于作拱门、花廊、花架、花篱等处攀援。

（3）地被月季　是一种茎蔓非常低矮、贴地而生的月季。其主要特点是落地生根、易繁殖、生长快、抗病性强、耐贫瘠、耐阴、耐干旱，而且有很强的抗寒能力。

（4）微型月季　又称为"钻石月季"，植株低矮（15~30cm），分枝多，花朵小巧玲珑，花径 1.5~4cm，个别品种花径小于 1cm，色彩较丰富，花期长，抗寒力强。主要用作盆栽观赏，用于阳台、门厅、花坛边沿、花境两侧、假山石畔的美化绿化。

（5）蔓生月季　每年从植株基部抽出多而长势旺盛的长蔓，长达 1.5~6m，但枝条较软弱，需及时缚扎诱导，它也是从二年生枝条抽出新侧枝开花，花朵直径达 1.5~5cm，一般为一季花。

（6）树状月季　树状月季实际上是月季的一种应用形式，它一般通过嫁接、修剪、整形等措施生产出来，使得月季可以像树一样，开花时吸引人，孤植可以成为花园中的焦点，行植、列植壮观，树状的应用更加丰富了月季的应用形式。

2. 月季生长对环境的要求

（1）充足的光照　月季喜欢阳光，每天需要 4~6 小时光照。开花没有光周期现象，没有低温春化要求。

（2）空气流通　需要保持空气流通，无污染。

（3）排水性好的土壤　富含有机质、排水良好的微带酸性砂质壤土。

（4）温度　一般气温在 22~25℃最适合开花生长，夏季高温对开花不利，可适当遮荫。

（二）月季盆栽养护技术

月季盆栽时选用的盆子底部需要有排水孔，嫁接苗可用口径约 25~30cm、深度 30cm 左右的盆种植，建议使用疏松透气的介质。容器苗需要放置于每天直射光 4 小时以上并通风的露台、阳台或庭院养护，建议每两年适当修根并换一次介质。

1. 品种选择

月季品种多，品种间差异大。如从株形上考虑，有大中型藤本：粉色龙沙宝石、红色龙沙宝石、大游行、自由精神、粉色达芬奇、藤宝贝、藤彩虹、蜂蜜焦糖、蓝色阴雨等常见品种；有可藤可灌的品种：夏洛特女郎、艾拉绒球、亚伯拉罕达比等；有灌木品种：果汁阳台、芳香阳台、天方夜谭、银禧庆典、瑞典女王、樱霞、小伊（迷你伊甸园）、绒球门廊、莫奈、雪花肥牛、朱丽叶等。从复花性上考虑，多数月季一年都多季开花，但也有少数品种例外，如粉色龙沙宝石、紫袍玉带等一年只开一季。朱丽叶、深圳红、莫奈、天方夜谭、果汁阳台等品种耐热性比较好，在炎热的夏季也能保持良好的开花表现。在选择月季品种时，可多方面了解品种习性。

2. 整形修剪

很多园艺植物，要使它生长得符合理想，就不能让其自由发展；在栽培过程中，必须人为地去除部分枝条，按照需要修整植株的枝干分布与结构形式，使它形成一定形状的树冠，生长、发育和开花的能力才能得到充分发挥。

灌木月季和藤蔓月季的整形修剪不同，这里重点介绍灌木月季的整形修剪。灌木月季的修剪根据修剪时间的不同，分为生长期修剪和休眠期修剪。生长期修剪主要是在月季生长季节，春、夏、秋季的修剪；休眠期修剪则主要是冬季到早春的修剪。

生长期修剪 1　　　　　生长期修剪 2　　　　　休眠期修剪

3. 水分、肥料管理

月季喜水，土壤应经常保持湿润，但不能积水。移栽之初，浇透水，以利于水分的吸收和保持。平时养护中注意间干间湿，有利于根系发育；土壤长期干燥，会使根系干枯，长期潮湿，则会导致根部腐烂。宜盆土干了才浇，浇必浇透（浇至盆底流水）。水分管理中把握适时适量的原则，所谓适时，即以清晨、傍晚浇水为好，温和的春、秋季节宜清晨浇水，因晚上植物蒸腾减少，水吸收影响根部透气；夏天以傍晚浇水为好；冬天应减少浇水次数和浇水量。可参考春秋季晴天 2~3 天浇一次，夏季晴天 1~2 天浇一次，冬季晴天 5~7 天浇一次，雨天（能浇透盆底的降雨量）可算人工浇水一次。

月季喜肥，反复开花，养分消耗多，而盆土肥力有限，因此施肥就变得尤为重要。种植时需施足底肥，各生长期需要及时追肥，底肥推荐施控释肥或有机肥。日常追肥可喷施水溶性肥料，保证叶面更有光泽和开花量更大，生长旺季和花后需要及时追施速效肥。控释肥一般肥效为 3 月或 6 月，有效期接近后需追肥（均匀施于介质表面）；换大盆后就不需要再追肥了。壮年盆栽月季两年需换一次土，并清除部分原土。平时叶面喷施海藻肥。追肥缺肥时，叶片表现不健康。花后可薄施水溶性肥（一定注意浓度，一般稀释 1000 倍）或撒控释肥。

4. 病虫害防治

月季常见的病害有黑斑病、白粉病等，虫害有蚜虫、红蜘蛛、刺蛾、蔷薇茎蜂和切叶蜂等。病害以预防为主，虫害则对症下药。

【思考题】

月季栽培中，春、夏、秋、冬四个季节是怎样进行肥料、病虫害管理的？

随堂练习

随堂练习 22

二、绣球盆栽技术

绣球作为花园植物三大宝之一，品种丰富，花形多样，市场需求很大。但目前市场上所谓的绣球花是一种通俗的叫法，实际上是对很大一类花型呈球状的花的统称。学习绣球的养护，需要从其分类与习性、花后修剪、调色等关键性问题以及水肥病等一般性问题入手。

（一）分类与习性

1. 忍冬科落叶灌木

常见品种有雪球荚蒾、欧洲木绣球、中华木绣球。

（1）雪球荚蒾　灌木，高 2~4m，与荚蒾属其他灌木最明显的区别在于叶片，卵圆形的叶片上有清晰的纹路和叶脉凹陷，上有绒毛，大型聚伞花序复伞型，初开绿色后纯白色，花球直径不大，约 6~12cm，花对生于枝条上。直立性很好。

（2）欧洲木绣球　灌木，高可达 4~6m。叶三裂，偶五裂，聚伞花序扁平型。花期一般 3 月中旬—5 月初。

（3）中华木绣球　灌木，高可达 4m 以上，叶卵形，表面脉纹不明显，北方秋天叶呈橙红色，大型聚伞花序呈球形，直径可达 20cm。主产于我国长江流域。显著特点是植株高大，耐寒性最好的灌木之一。花期一般 3 月中旬至 5 月初。

2. 虎耳草科落叶灌木

常见种有栎叶绣球、大花绣球、圆锥绣球、乔木绣球，其中尤以大花绣球品种最多，花形、花色变化最为丰富，也最负盛名。

（1）栎叶绣球　原产于美国，叶片宽卵形或宽卵状圆形，秋天树叶转换成红色、青铜色、紫色；圆锥状花序直立，花期 5—7 月。喜温暖、荫蔽环境，耐寒，在肥沃、排水良好、富含有机质的微酸性土壤（pH 值 5~6.5）中生长最佳。冬季能耐 −1℃低温。栎叶绣球为短日照植物，每天黑暗 10 小时以上，约 6 周即可形成花芽，一般在 8 月中下旬即开始花芽分化。平时栽培要避开烈日照射，以 60%~70% 遮荫为好。8 月以后应逐渐增加光照，以促进花芽形成。

（2）大花绣球　从花形上可分为单瓣型、重瓣型、平瓣型；从培育产地上可分为欧系、日系；从开花方式上可分为老枝条开花、新老枝条都开花。单瓣型大花绣球中，常见的单色品种包括无尽夏、魔幻系列、蓝色妈妈、玫红妈妈等。其中，魔幻系列花球大而密集，有复色变化，具有独特的立体感和复古效果，常见的有魔幻革命、魔幻红宝石、魔幻珊瑚、魔幻海洋等。重瓣型大花绣球主要来源于日本，日系绣球最显著的特点就是株形矮小而花朵密集，适合阳台与露台这类花园空间有限的场地种植，最具代表性的品种有太阳神殿、佳澄、万华镜、花手鞠等。平瓣型大花绣球的特点是边缘一圈大朵不育花，环绕中间米粒状的可育花，常见品种包括爱你的吻、塔贝、星星糖等。花期一般为 4 月下旬至 7 月中旬。

大花绣球多喜欢半阴环境，耐寒性一般，越冬气温需保持在 0℃以上。

（3）圆锥绣球　因花朵呈圆锥状而得名。圆锥绣球是绣球中花期最晚的品种，可以从 7 月持续到 9 月。低维护、长开花植物，喜光、耐干旱、耐瘠薄、耐修剪。圆锥绣球对极端环境的耐受能力强，相较于大花绣球，它喜欢光照充足的环境。光线充足则枝叶墨绿、花序饱满、花朵硕大，花量也大；而在光线不强的地方，花量偏少、花朵偏小。能够忍受极端低温和高温。既能耐 −30℃低温，也能耐 38℃高温，圆锥绣球需要在全日照的环境下养护。

（4）乔木绣球　乔木绣球又称为光滑绣球，原产于美国，成年植株可以长到3m的高度，十分耐寒，在-30℃的低温也可以长得很好，花期一般5月下旬—9月，与圆锥绣球一样具备良好的耐晒与耐寒性。乔木绣球的枝条直立性好，不易垂头，但对日照的需求高，需要全日照才能满足良好的开花性。充足的直射光可以让花枝粗壮、花头挺立、花朵饱满。一般冬季可以耐-30℃低温，夏季可以耐30℃高温。

国内引进的乔木绣球主要有贝拉安娜、粉色贝拉安娜和无敌贝拉安娜三个品种。粉色贝拉安娜花球直径最小，仅有10~15cm，贝拉安娜的花球直径在15~20cm之间，无敌贝拉安娜花球直径可达25~30cm。喜湿润且排水良好的砂质壤土，怕积水；偏好微酸性土壤或者中性土壤，在盐碱土中生长不良；需水量大，高温干热天气尤其要注意补水。

（二）修剪

1. 雪球荚蒾

主枝易萌发徒长枝，扰乱树形，应加强整形修剪，保持圆整的树形。

2. 欧洲木绣球

欧洲木绣球在花期过后要将开败的残花都剪除掉，注意一定不可修剪枝条；若修剪枝条，则会导致欧洲木绣球下次不开花。花期结束后将长出的过密枝、交叉枝、重叠枝剪短就行，还有一些病枝、枯枝、老枝都一一剪除掉；若是发现有病叶、枯叶、老叶等，摘除即可。

3. 中华木绣球

花后整形，8月份后不能修剪。

4. 栎叶绣球

具备新枝开花的特性，因此修剪可在花后或休眠期（如冬季、早春）进行，并可在春季萌芽前进行重剪，不影响当年开花。

5. 大花绣球

绝大多数大花绣球都是老枝条开花，少数品种（如无尽夏、无尽夏新娘、佳澄、易多梦幻等）具备新老枝条都开花的特性。老枝开花的品种一般花后修剪，8月份以后不建议修剪。

6. 圆锥绣球

新枝上开花，花蕾在当季生长的新枝条上形成，其突出特点是耐修剪，修剪可在花后和休眠期（如冬季、早春）进行，并可在春季萌芽前进行重剪，防止植株过高。

7. 乔木绣球

新枝条开花，可以随时修剪，但是在开花前1~2个月内不能修剪，冬季或早春修剪可集中剪去残花、细弱枝、徒长枝，整理整个植株形状，为了控制高度也可以剪去整个植株的1/3。华北地区，地上枝条冬季都会被冻死，故在秋末或早春萌芽前进行平茬处理。

（三）调色

1. 雪球荚蒾

原生品种初开绿色，后纯白色，花色不可调。

2. 欧洲木绣球

初开绿色后纯白色。花色不可调。

3. 中华木绣球

初开绿色后纯白色，花色不可调。

4. 栎叶绣球

目前国内的栎叶绣球品种只有白色系的雪花、和声以及粉色系的红宝石。花色不可调。

5. 大花绣球

种植用的土壤或介质，以及所施入的有机肥或营养液的酸碱度不同，大花绣球的花就会产生不同的颜色，并且随着土壤或介质中酸碱度的变化而变化。花色一般由深色转变为浅色，即从淡紫色、蓝色逐步转变为水红色，甚至白色。土壤或介质为酸性时，花色表现为深蓝色或淡紫色；土壤或介质为碱性时，花色表现为水红色。

调蓝时一般用硫酸铝 8g 兑水 1L，每 10 天一次，从冬季或早春发芽前后开始，灌根，平时浇水时 3~5g 白醋兑水 1L 浇水，维持酸性条件。也可直接购买绣球调蓝剂，10 月份即可开始一次，早春 2~3 个月一次即可，一般 3g 每升土。注意调蓝期间，磷肥只能叶面喷施，不能灌根，因为磷素会阻止根系对铝素的吸收。

6. 圆锥绣球

有白色和粉色两种。白色系圆锥绣球的常见品种有石灰灯、白玉、北极熊等。花初开之时是浅绿色，不久后变为白色，入秋冷凉后转为绿色并略带粉色。粉色系圆锥绣球的常见品种有香草草莓、粉色精灵、圣代草莓等。花初开时为白色，在早秋逐渐转为不同层次的粉色。

7. 乔木绣球

乔木绣球有白色和粉色，花色不可调。粉色贝拉安娜为粉色，贝拉安娜和无敌贝拉安娜为白色。

（四）水肥病管理

绣球花喜湿润，但怕积水和干旱。浇水过多，易导致根部腐烂。绣球花叶片大，水分蒸发旺盛，在夏季高温季节，可向叶片喷水，以降低水分蒸腾速率。生长季节，一般 1~2 天浇水 1 次，保持土壤湿润，特别是现蕾前后和花芽分化阶段。休眠时期应控制浇水，维持土壤半干状态。

生长期间多施用磷钾肥、颗粒缓释肥和液肥均可，开花后要及时用水溶性肥做追肥，补充开花消耗的营养；入冬前或者春季用控释肥做基肥。

绣球虫害较少，常见的有红蜘蛛和蚜虫；抗性较强，病害的发生率较低，常见的病害有叶枯病和白粉病。发生病虫害，及时用相应的药剂进行防治即可。

【思考题】

简述几种绣球对环境条件的要求，修剪和调色等栽培技术上的差异。

随堂练习

随堂练习 23

三、其他木本花卉盆栽技术

（一）杜鹃花盆栽技术

杜鹃花是对杜鹃花科一类落叶灌木的统称，根据产地来源以及花期等特征可分为春鹃、春夏鹃、夏鹃和西鹃。春天开花的品种称为春鹃；6 月开花的品种称为夏鹃；介于春鹃和夏鹃花期之间的品种称为春夏鹃；而从西方传入的品种称为西洋鹃，简称西鹃。

杜鹃花生于海拔 500~2500m 的山地疏灌丛或松林下，喜欢酸性土壤，在钙质土中生长得不好，甚至不生长，因此常被作为酸性土壤的指示作物。

杜鹃性喜凉爽、湿润、通风的半阴环境，既怕酷热又怕严寒，生长适温为 12~25℃；夏季气温超过 35℃，则新梢、新叶生长缓慢，处于半休眠状态。忌烈日暴晒，适宜在光照强度不大的散射光下生长；光照过强，嫩叶易被灼伤，新叶、老叶焦边，严重时会导致植株死亡。西鹃抗寒力弱，气温降至 0℃以下容易发生冻害。

1. 花盆选择与盆土配制

花盆质地不限，泥瓦、塑料盆、瓷盆、陶盆均可；花盆大小一般参考幼苗时期花盆口径与苗冠径一致，中苗期花盆大小为其冠径的 3/4，成苗期花盆大小为其冠径的 1/2；同时杜鹃根系是浅根系，不建议用深盆。盆土配制时需重点考虑杜鹃花喜酸性（pH 值 4.5~5.5）、疏松、排水良好的土壤，忌含石灰质的碱性土、黏土。栽培中建议，西鹃腐叶土：泥炭土：沙 =5：3：2，其他杜鹃园土：泥炭土：沙 =3：5：2；或者鹿沼土：泥炭土 =3：7 的混合土壤。掺入适量骨粉。

2. 光照与温度管理

夏季要防晒遮荫，冬季应注意保暖防寒。4 月中、下旬搬出温室，先置于背风向阳处，夏季进行遮荫，或放在树下疏荫处，避免强阳光直射。生长适宜温度 15~25℃，最高温度 32℃。秋末 10 月中旬开始搬入室内，冬季置于阳光充足处，室温保持 5~10℃，不能低于 5℃，否则会停止生长。

3. 浇水与施肥

生长期注意浇水，从 3 月开始，逐渐加大浇水量，特别是夏季不能缺水，经常保持盆土湿润，但勿积水，9 月以后减少浇水，冬季入室后则应盆土干透再浇。合理施肥是养好杜鹃的关键，杜鹃花根细而浅，因此施肥一定要遵循“薄肥勤施”，一般开花前的 2—3 月，10~15 天追施以磷肥为主的液肥，以促使花大色艳；开花期停止施肥以防落花长叶；花谢后每 10~15 天追施以氮肥为主的液肥，以促发新枝；7 月下旬后，杜鹃开始花芽分化，每 10 天施含磷液肥，可促使植株花芽分化及生长；一般 10 月以后，秋季生长基本停止，则不再施肥。

4. 整形修剪

杜鹃每年夏天从新梢的前端萌发花芽，花芽经过一段时间的低温后开花，因此花后到 5 月底之间及时修剪很重要，不要在夏季以后修剪，因为夏季以后修剪掉的是花芽。花后及时修剪残花；蕾期应及时摘蕾，使养分集中供应，促使花大色艳；残花修剪之后，还需要修剪枝条，修剪掉徒长的病枝、弱枝；杜鹃花的株形要圆润，伞状最好，超出范围的枝条可以全部剪掉。杜鹃花修剪适合轻剪，不适合重剪，同时结合树冠形态删除一些过密枝条，增加通风透光，有利于植株生长。

5. 病虫害防治

杜鹃花的常见病虫害是褐斑病、根腐病、杜鹃网蝽、红蜘蛛、缺铁性黄化病、灰霉病。这些病害可引起杜鹃花早落叶，削弱植株生长势，应及时发现并使用相应药剂进行防治。其中缺铁性黄化主要通过定期使用矾肥水之类的酸性物质酸化土壤来预防。

（二）三角梅盆栽技术

紫茉莉科常绿藤状灌木，俗称"叶子花"，原产于热带美洲。性喜温暖、湿润的气候和阳光充足的环境。不耐寒，耐干旱，耐修剪，生长势强，喜水但忌积水。要求充足的光照，我国南方可室外栽培观赏，长江流域及以北地区均需盆栽养护室内保温越冬。光照不足会影响其开花；适宜生长温度为 20~30℃。

1. 盆土配制

三角梅是喜酸性植物，基质可以选择蓬松、排水性好的微酸性土壤；腐叶土、沙、泥炭、骨粉等，可参照杜鹃花盆土配制。

2. 光照和温度

喜欢晒太阳，但是夏季阳光强烈还是要适当遮荫。生长环境不可以低于 10℃，平安越冬气温要保持在 3℃以上，开花温度要达到 15℃。

3. 浇水与施肥

叶子花喜水但忌积水，夏季供水不足或冬季浇水过量，易造成植株落叶，所以浇水一定要做到适时、适量。花芽分化时需控水以增加花量；花后浇水要减少；冬季在室内可控制浇水，促使植株充分休眠。施肥量也随季节而不同。冬季停止施肥；春季栽植或上盆、换盆时施足基肥，盆花出房后适当追施氮肥促进长枝叶，花期前可增施几次磷钾肥促花，花后结合修剪追施氮磷钾肥促使新一轮的长枝、开花。

4. 整形修剪

叶子花生长势强，因此每年需要整形修剪，时间可于每年春季或花后进行，剪去过密枝、干枯枝、病弱枝、交叉枝等，促发新枝；花期落叶、落花后，应及时清理；花后及时摘除残花。对老株可重剪。

5. 控水促花

三角梅品种比较多，对于一些勤花品种（如绿樱、金色双心），只要花后及时修剪，温度适宜，及时补充适量氮肥促枝长叶，追施磷钾肥促花，即可连续开花；但一些懒花品种在花后及时剪掉过密枝、交叉枝、病残枝的基础上，对于开花枝要适当重剪，仅留基部 2~3 节，并立即追施高氮复合肥恢复树势，十几天后使用高磷钾肥（如磷酸二氢钾）促花，然后控水至叶片卷曲发蔫，再浇水，反复 3~4 次，当叶腋间出现红点时停止控水，再次追施高磷钾肥可促使开花。

🖐 随堂练习

随堂练习 24

（三）无花果盆栽技术

无花果，桑科落叶灌木或小乔木。原产于地中海沿岸及中亚暖温带地区，我国各地均有栽培。庭院栽培或作为果树成片种植，株高可达 4~9m，盆栽，株高

无花果盆栽技术

1.5m 左右。无花果枝干光洁，树姿优美，叶形独特，具有较高的观赏价值；同时，果期长，7—10月陆续成熟，果肉松软，风味甘甜，果实富含硒，又具有很高的营养和药用价值。无花果喜欢光照充足、温暖湿润的环境。

无花果盆栽的特点是结果早，产量高。当年见果，三年丰产。能适应庭院及阳台夏季之气温高、辐射热大的环境特点。

1. 品种的选择

无花果栽培品种众多，除了果形、大小、成熟果皮果肉颜色、甜度、口感外，每个品种植株的大小、果实成熟期也不一样。盆栽尽量选择长势好、株形好控、易于管理、果期长、口感好的品种，如波姬红、日本紫果、丰产黄和美丽亚等（表 4-1）。

表 4-1　无花果品种

序号	品种名	果皮颜色	果肉颜色	鲜食口感	丰产性	盆栽	抗寒性	成熟期
1	波姬红		浅红或红色	大果型红色优良品种	丰产	适宜	一般	早熟
2	玛斯义·陶芬		桃红色	口感较淡	一般	适宜	一般	一般
3	布兰瑞克		白黄色	肉质细，味甘甜	丰产	适宜	很耐寒	早熟
4	金傲芬		浅黄色	鲜食风味极佳	一般	一般	较耐寒	一般
5	美丽亚		褐黄或浅黄色	汁多，味甜，风味佳	一般	一般	一般	一般
6	丰产黄		琥珀色	味浓甜，品质优良	丰产	适宜	一般	早熟
7	日本紫果		鲜艳红色	果肉致密，汁多，极甜	一般	一般	一般	一般
8	中国紫果		琥珀色	口感甜度中等	丰产	适宜	较耐寒	早熟
9	中农红		琥珀色	汁多味甜，品质极佳	丰产	适宜	较耐寒	早熟

2. 选盆

透气性好的泥瓦盆、塑料盆、木箱和木桶等。

3. 选土

盆土要求疏松透气、富含有机质、保肥及保水性能较好，以山地阔叶林下的腐殖土最理想，也可用壤土、沙和腐熟有机肥各 1/3 配制。

4. 上盆流程

上盆流程如图 4-53 所示。

① 将介质混拌均匀，并加水预湿备用。　② 将植物均匀分开，种植后稍微将植物向上提一提，再将介质压实。　③ 浇透水，至盆底排水孔有水滴出来。　④ 将种好的盆株移至良好的环境中。

图 4-53　上盆流程

5. 换盆及翻盆

最初几年应每年换盆换土一次，适量施放基肥，根据长势追肥一两次，并逐年换入大盆。6 年生以上的大苗宜换入木桶，直径以 40~50cm 为好，高度可与盆径相仿，以后通过修根添土和追肥补充营养。果实有逐日逐个成熟的习性，应随时采摘，以防大量落果。翻盆主要针对已成形植株，目的是控制盆子的大小，每年冬天修剪掉一些根系，并替换些新介质。

6. 光照和温度管理

盆栽无花果，应摆放在花园光线较好、通风透光处。夏天高温期，中午阳光强烈时，可适当遮荫或移置阴凉处，避免叶片灼伤或缺水导致落果。冬季室外温度降到 –12℃以下时，需采取保温措施（如包裹薄膜、稻草等）。

7. 水分、肥料管理

无花果不耐涝，较耐旱，日常浇水掌握间干间湿原则。春秋季可适当多浇水，保持土壤湿润，夏季果膨大期一天应浇 1~2 次，干旱季节要适当增加浇水次数。喜肥，重点施好三次肥：第一次为早春发枝肥，以氮肥为主；第二次为保果肥，时间在第一批果膨大期，氮、磷配合施为好；第三次为越冬肥，入冬前施，以钾肥为主，用草木灰将基部覆盖即可。

8. 整形修剪

无花果有新枝结果的特点，新枝条一钻出地面就开始结果，所以，当年新枝一般都应保留，对不需要的枝条也应结果以后再剪除，可以通过摘心来控制植株高度。冬季可以重剪，矮化植株，冬季的枝条顶端有来年夏果的芽，根据需要修剪，以免影响来年夏果的产量。

9. 病虫害防治

天牛是其主要害虫，蛀食主干枝条，每年 6—7 月为暴发高峰期。注意植株内部枝条疏剪，保证植株主干通风透光，冬季树干涂白，可减少虫害。植株生长季节，如发现植株根颈部有虫害取食排除的粪便，向上检查枝条上的蛀洞，使用小铁丝深入洞中或用小螺丝刀劈开树皮，人工杀死害虫或灌注高度白酒，密封洞口。

📖 随堂练习

随堂练习 25

（四）蓝莓盆栽技术

蓝莓是杜鹃科落叶或常绿小灌木。叶片互生，可分为高丛、半高丛和矮丛蓝莓，春季开花，花为白色小铃铛形，春夏期产果，花果期 4—7 月，有早熟、晚熟品种之分，在秋季有些品种（蓝丰、达柔等）为红叶，入冬前落叶；兔眼莓为常绿，叶片在树体上可保留 2~3 年，春季更换部分新叶，部分枝条火红色，具有观赏价值。南、北高丛蓝莓果期 5—6 月；兔眼蓝莓果期 6—7 月。盛果株龄一般 4 年生以上。成熟株高可达 0.5~2.0m（因品种而异）。适宜区域除西北、内蒙古及华南沿海外，全国广布。目前栽培品种数达 200 余种。

1. 品种的选择与搭配授粉

蓝莓的栽培种类有矮丛蓝莓、半高丛蓝莓、北高丛蓝莓、南高丛蓝莓和兔眼蓝莓五大类。矮丛蓝莓和半高丛蓝莓适宜在温带寒冷地区种植，如东北地区。北高丛蓝莓和一些半高丛蓝莓适宜在暖温带地区种植，如山东地区。兔眼蓝莓和南高丛蓝莓适宜在亚热带地区种植，如江浙地区。

除兔眼蓝莓的个别品种外，大部分蓝莓品种皆能自花授粉，也就是单株能挂果，但同花期的不同品种间相互授粉，可以提高果实的产量和品质。盆栽种植蓝莓，推荐每种类型选择 2~3 个品种，异花授粉，同时可以延长果实收获期，并能品尝更多风味的蓝莓果实。蓝莓品种对比见表 4-2。

表 4-2　蓝莓品种对比

类型	品种	果期	果粒	品种推荐	盆栽
南高丛	奥尼尔	5—6 月	中~大	特早熟，南高丛代表品种之一，果粉较少，果肉质硬，汁液多，口感好，耐储运。枝条稍横向生长	适宜
	蓝美 1 号	5—6 月	小~中	早熟，果实口感特好，有特殊香气，适应性强，耐高温，特丰产。植株矮小，分枝多，极适宜盆栽	极适宜
	佐治宝石	5—6 月	中	果熟，口感好，甜度高于奥尼尔，有香味。植株长势较好，丰产稳产，极适宜盆栽	极适宜
	密斯梯（薄雾）	5—6 月	中~大	果实有香味，果粉多，产量很高，树势中等，开张型，秋叶变红，具有观赏价值	适宜
	蓝雨	5—6 月	中	果粒球形，硬度适中，亮蓝色，酸甜适口，有香味，耐贮运。树形开张，分枝强。低温要求时间 150~200h	极适宜
北高丛	布里吉塔	6—7 月	中	果味酸甜适度，美观，果肉硬，鲜食入口感觉脆而爽，口感好，耐贮藏。土壤适应性强。株形紧凑	适宜
	莱格西	6—7 月	中~大	果实甜中带酸，有香味。丰产性强。较受人喜爱。树直立型。叶片美观，秋叶变红	适宜
	康维尔	6—7 月	中~大	扁圆形，有特殊清香，口感好，中等蓝色，耐高温，较丰产，极耐寒。成熟期较为集中，风味佳	极适宜
兔眼	贵蓝	7—8 月	大~极大	味中等，有特殊香味；果汁多。果皮硬，果粉多。树势强，直立型	可盆栽
	奥斯汀	7—8 月	中~大	鲜食、冷冻或制作果汁。植株耐旱、抗性强。适宜与灿烂等品种交叉授粉。低温要求时间 450~550h	可盆栽
	圆蓝	7—8 月	中	果实特甜，有香味。果粉少，鲜食、加工主力品种。南方地区最受欢迎品种。土壤适应强。树势强，直立	可盆栽

2. 选盆

选用大小合适的陶盆、塑料盆或木盆等。蓝莓须根，浅根系，尽量选用浅盆、小盆，忌小苗用大盆，以后逐年换盆；成熟植株选用口径 35cm 左右的盆，以后不再换盆，每年修整根系，添加新土。

3. 选土

蓝莓喜酸性、疏松透气、富含有机质的土壤，其中矮丛蓝莓、半高丛蓝莓、北高丛蓝莓、南高丛蓝莓，要求土壤 pH 值为 4.5~5.0，兔眼蓝莓对土壤酸性要求不严格。杜鹃基质可参考使用，以后随着蓝莓的生长，每年秋季添加总体积 2% 的有机肥和 1.5g/L 左右的硫磺粉维持酸性环境。蓝莓是嫌钙植物，土壤中尽量不要含有石灰、珍珠岩、炉渣等含钙材料。

4. 摆放

蓝莓喜光照，也稍耐阴，应摆放在全光照、通风透光处。夏季 7、8 月高温期，中午应适当遮荫或将盆栽蓝莓摆放在中午阳光直射不到的地方，从而避免叶片灼伤。

5. 水分管理

蓝莓不耐涝，稍耐旱。日常浇水掌握间干间湿原则。秋冬花芽分化期，春季开花期，夏季挂果期，注意检查浇水情况，避免干旱影响挂果。

6. 授粉（图4-54）

蓝莓倒钟形花，不便于人工授粉，基本靠蜜蜂等昆虫授粉。花期如遇阴雨天气，应及时避雨，天晴时再放置阳光下集中摆放，便于昆虫前来授粉，提高果实坐果率。

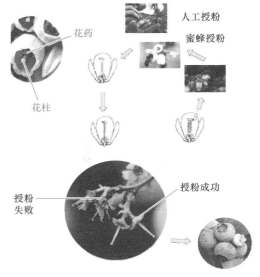

图4-54　蓝莓授粉

7. 肥料管理

蓝莓果实采摘后，秋季和果实膨大期可适当追施几次水溶性肥料，肥料浓度要低，避免伤根。

8. 整形修剪

盆栽蓝莓的修剪一般在春前进行。大苗与小苗的长势不同，各枝条的生长状态差异较大，养护的目的也有所不同。对大苗，要保留好的枝条，处理生长不好或多余的枝条；而对于小苗，则是通过修剪培育出良好的株形。

（1）大苗的修剪原则

1）剪除前一年挂果枝、病害、细弱、重叠、老化、并行、交叉、下垂和4年以上老化枝等枝条。

2）徒长枝、过长枝适当短截。

3）花芽过多的，适当疏除花芽枝，做到"半树花，满树果"。

（2）大苗的修剪原则

1）单根枝条，短截至20~30cm，便于植株基础萌发新枝条，截口下方萌发3~5根新枝，形成饱满的株形。

2）极细弱的枝条剪除，植株基部小枝条秋季前保留，可暂时为植株提供营养，春前剪除。

9. 病虫害防治

蓝莓病虫害很少，及时剪除病害叶片和枝条，冬季清扫落叶等。少量虫害可人工清除。僵果病是蓝莓栽培中最普遍、危害最严重的病害，它是由真菌引起的，一般发生在春夏季多雨潮湿季节，会造成新叶、芽、茎干、花序、果实等突然萎蔫、变褐。这段时间应注意植株的通风和透光，尽量避开潮湿处。

【思考题】

修剪是木本花卉栽培中非常重要的一个环节，请归纳总结本任务几种木本花卉的修剪方法。

📖 随堂练习

随堂练习26

任务小结

木本花卉相对于草本花卉，其管理更粗放一些，一经种植可多年观赏，而且品种丰富，观赏价值高，在现代园艺中占据越来越重要的地位。栽培木本花卉重点把握品种特性（同一种木本花卉不同品种间的差异有时候相当大）、水肥管理及整形修剪。大部分木本花卉的抗病虫害能力比较强，但是月季栽培中病虫害防治是非常重要的一环，这一点不可以掉以轻心。

任务 5　藤蔓花卉盆栽技术

主要内容

一、铁线莲盆栽技术

铁线莲是毛茛科、铁线莲属植物的统称，多数为落叶木质藤本，靠叶柄缠绕，少数为宿根直立草本，也有一些常绿品种。铁线莲的花形、花色丰富多样，花朵美丽繁茂，花期从早春至晚秋，具有很高的观赏价值。享有"藤本花卉皇后"之美称，国内引进较晚。

铁线莲喜好冷凉气候，它们的原生种都野生于灌丛，所以一般地上部喜阳。铁线莲根部肉质，喜肥，喜湿润但怕涝，在微酸到弱碱性土壤中生长良好。除了一些常绿的品种外，铁线莲都非常耐寒，一般品种可耐 $-30\sim-20$℃ 的低温（长瓣型铁线莲可耐 -35℃ 的低温）。耐热性因品种而异，有部分铁线莲耐热性比较差。

（一）铁线莲的分类

根据铁线莲的开花形态及开花时间，可将其分为早花大花型、晚花大花型、意大利型、佛罗里达型、德克萨斯型、长瓣型、单叶型、蒙大拿型、华丽杂交型、葡萄叶型、西藏型、卷须型等。

1. 早花大花型

大花铁线莲中的早花品种，多在春夏季老枝上开花。花期春季，老枝条集中开放，之后绝大部分品种新枝条有花，持续到秋末。盆栽、地栽均可；可以露天，全阳到半日照，建议全阳；老枝条开重瓣、新枝条开单瓣的品种，需低温春化，冬季 5℃ 以下气温天数不足 30 天的地区可能只能欣赏到单瓣花。

常见品种：爱莎、蜜蜂之恋、巴蒂森、蓝光（图 4-55）、杜上尉、鲁佩尔博士（图 4-56）、富士蓝、卡斯帕、卡娜瓦等。

2. 晚花大花型

大花铁线莲中的晚花品种，夏秋季在新枝上开花。花期晚春，新枝条开放，修剪得当可在夏秋再开。建议地栽，盆栽需要较高大的架子；需要充足日照，建议全阳。

常见品种：芭芭拉、蓝天使、包查德女伯爵、东方晨曲、杰克曼二世（图 4-57）、红衣主教、乌托邦（图 4-58）等。

图 4-55 蓝光

图 4-56 鲁佩尔博士

图 4-57 杰克曼二世

图 4-58 乌托邦

3. 意大利型（图 4-59）

原产于欧洲南部，花形较小，花期长且开花多，适应性强，很少得枯萎病。花期 6—10 月；建议地栽，盆栽需要较高大的架子；需要充足日照，建议全阳。

常见品种：丰富、小白鸽、贝蒂康宁、艾米丽、紫罗兰之星、可觅、小奈尔、音乐之声、朱丽娅夫人、波兰精神、查尔斯王子、典雅紫等。

4. 佛罗里达型（图 4-60、图 4-61）

原产于中国南部和东南部，18 世纪后被引种到日本和欧洲。该类型铁线莲不耐寒，在中国北方应盆栽，置于 0℃以上的地方越冬。佛罗里达型铁线莲不太容易种植，繁殖也很困难，市面上品种相对不太多。花期晚春，新枝条开放，大部分地区夏季枯叶休眠，秋季新枝条开放，冬季低于10℃枯叶休眠。盆栽、地栽均可，建议盆栽，需要比较通透的介质，较一般品种更容易得枯萎病。耐阴，日照超过2小时即可开放，但超过半日照会开得更好。不耐肥，避免使用有机肥。

常见品种：玉万重（又称小绿）、大河。

5. 德克萨斯型

原产于美国德克萨斯州。尽管德克萨斯铁线莲及其杂交种产自热带地区，但在较冷地区也能生长良好，能抵抗冬天的寒冷。花期同晚花大花型；盆栽、地栽均可；可以露天，全阳到半日照，建议全阳。

常见品种：阿尔巴尼公爵夫人、爱涛玫瑰、格拉夫泰丽、舞池、戴安娜公主、劳伦斯先生。

6. 长瓣型

原产于纬度较高的地方（欧洲东南部到西伯利亚、中国北部、北美）和高山地区。耐热性差，我国南方地区种植要放在凉爽的北面越夏。花期早春，老枝条上开花，夏秋新枝条有花。适合盆栽，通透介质为佳；不淋雨，全阳到半日照都可以；不耐肥，避免使用有机肥。

常见品种：白色高压、蓝鸟、赛西尔、粉红玛卡等。

图 4-59　意大利型铁线莲

图 4-60　玉万重（小绿）

图 4-61　大河

7. 单叶型

由全缘铁线莲中的一些品种和选育出的杂交种组成。它们为多年生草本，直立生长，无攀援习性。花期：6—9月；建议地栽，盆栽需要较高大的架子；需要充足日照，建议全阳。

常见品种：阿拉贝拉、浅紫罗兰、杜兰、哈库里、紫铃铛等。

8. 蒙大拿型

原产于中国西部到喜马拉雅山区的高山地带，耐热性差，南方地区种植要放在凉爽的北面过夏。花期早春，无秋花。适合盆栽，通透介质为佳；不淋雨，全阳到半日照都可以；江浙地区死亡率极高，建议介质中加入三分之一谷壳炭（无其他替代品）；不耐肥，避免使用有机肥。

常见品种：芙雷达、鲁宾斯、布朗之星、杰出等。

9. 华丽杂交型

多年生草本，直立生长，基部木质化，多数有香味。花期7—9月；建议地栽，盆栽需要较高大的架子；需要充足日照，建议全阳。

常见品种：如步等。

10. 葡萄叶型

其亲本至少有一代是属于植物分类学中的铁线莲属植物（钝萼铁线莲、美花铁线莲或维吉尼亚铁线莲）。

常见品种：夏雪、旅行者的喜悦等。

11. 西藏型

西藏型铁线莲由钝萼、甘青铁线莲和甘川铁线莲杂交产生。

常见品种：钴黄、比尔·麦肯兹、黄铃等。

12. 卷须型

深秋、冬季和早春在老枝上开花。花向下垂，呈钟状，4个萼片，花期11—次年1月。建议盆栽，通透介质为佳；不淋雨，全阳到半日照都可以。不耐肥，避免使用有机肥。

常见品种：雀斑等。

（二）盆栽养护技术

1. 盆土配制

（1）配方　泥炭（或者椰糠）：珍珠岩=3：1（体积比）栽培，也可用于扦插繁殖铁线莲，使用时注意泥炭和珍珠岩必须先放在盆里加水，用手搅拌成稀泥状，椰糠必须先泡水一个晚上，泥炭和珍珠岩第一次使用，吸水困难，切不可用干的泥炭和珍珠岩种好植株后浇水，否则泥炭无法吸收水分。烧煤饼、煤球后用的煤渣可以代替珍珠岩，但颗粒不能太小。

（2）底肥　骨粉（可用过磷酸钙代替，不超过3%体积，但多了不会烧根）、海藻肥（可用发酵完全的鸡粪、豆饼替代，不超过3%体积，海藻肥多了不会烧根）、草木灰（不超过3%体积，多了不会烧根，可以不用），爱贝施缓释肥6~7个月肥效的18-6-12和微量元素肥，添加量分别为4kg/m³和0.6kg/m³，在配制介质时混合均匀。肥料以少为宜，铁线莲是肉质根，对肥料很敏感。

（3）用料与规格　泥炭建议用进口泥炭，中粗规格；珍珠岩建议用粗颗粒，如果是细颗粒，要多加一些；营养土和园土不建议用于盆栽铁线莲。

（4）调整pH　在混拌介质时，添加农用消石灰1.5kg/m³，将混合好的介质pH调整到7.0左右。

（5）药剂　添加防治根结线虫药剂，预防根结线虫为害，每立方米介质中加入300目矽藻素1kg。

（6）盆土消毒　在混合介质时用杀菌剂 75% 敌克松可湿性粉剂 600 倍液浇洒，润湿后隔天使用。

2．上盆及换盆

扦插苗应在根将穴孔中基质盘好之后进行。盆栽苗一般两年换一次盆。

5—6 月正值铁线莲盛花期，不建议购买，即使购买后也不建议立即换盆，花期过后再换盆和修剪。

铁线莲的换盆技术

3．肥料管理

铁线莲根系敏感，盆栽苗不建议用有机肥，尤其是未发酵腐熟的有机肥，建议使用缓释肥和全效型温和的速效肥。

（1）春季开始萌芽生长时（2 月底—3 月初）　施爱贝施 18-6-12，用量为每升介质 4g。追肥时将肥料均匀施于介质表面，切忌堆放在根茎部（秋冬、早春换盆的苗，控释肥肥效尚未到期，可不用追施）。

（2）现蕾至开花前（4 月）　追施水溶性肥 10-30-20 开花肥，浇灌结合叶面喷施（磷酸二氢钾），7~10 天一次，浓度 1000 倍。

（3）首次盛花期后（一般 5 月底—6 月初，因品种而异）　结合修剪补施一次爱贝施 18-6-12，用量为每升介质 2g。

（4）立秋后（8 月中下旬或 9 月）　补施一次爱贝施 18-6-12，用量为每升介质 2g，根据各品种第二波花的情况追施水溶性肥 10-30-20 开花肥，浇灌结合叶面喷施，7~10 天一次，浓度 1000 倍。不同规格容器苗追肥时控释肥施用量也不同。

4．整形修剪

铁线莲的修剪主要包括花后修剪和冬末开春的休眠期修剪。根据修剪方式不同，冬末开春的修剪可分为一类（不剪）、二类（轻剪）和三类（重剪）。一类只要把枯叶去除就可以了；二类从无饱满芽的节开始剪；三类全缘组贴地重剪。花后修剪，40-60 天会开第二波。一类修剪方式的品种，只要剪残花和多余的枝条；其他品种建议花后先只修剪残花，约 7 月底，剪掉开过花的节，这样大概 10 月左右能开集中的秋花。下面是对常见几类铁线莲的修剪方式建议。

铁线莲绑扎及养护技术

（1）早花大花型　开春修剪无壮芽的枝条，尽量多留枝条；花后先只修剪残花，约 7 月底，剪掉开过花的节，这样大概 10 月左右能开集中的秋花。

（2）晚花大花型　开春修剪掉大部分枝条，留下 3~7 节即可；健壮植株花后可继续使用重剪，留下 3~7 节；夏花花型偏小、花色较逊色；8 月中旬再次修剪，10 月能再次开放，秋花标准。

（3）意大利型　三类修剪，参考晚花大花型。

（4）佛罗里达型　任意修剪。可根据地盘和花架的大小，决定修剪方式，一类、二类、三类均可。

（5）德克萨斯型　三类修剪，参考晚花大花型。

（6）长瓣型　开春修剪病弱枝；花后剪掉残花或留种荚，剪掉残花会很快再发枝条，留种荚可以看到美丽的果序但影响萌发新枝条。

（7）单叶型　三类修剪，参考晚花大花型。

（8）蒙大拿型　开春修剪病弱枝；花后剪掉残花或留种荚，剪掉残花会很快再发枝条，留种荚可以看到美丽的果序但影响萌发新枝条。无秋花。

（9）华丽杂交型　三类修剪，参考晚花大花型。

（10）卷须型　一类修剪，参考长瓣型。

5. 病虫害防治

铁线莲最常见的病害是枯萎病，主要出现在夏季雨季放晴之后。这时候温度急速上升，从而导致枝条突然枯萎掉，感染真菌。预防的方法通常是将铁线莲搬到阴凉通风处，然后将枯萎的叶子和枝干全部清理掉，并且对土壤施用杀菌剂（如恶霉灵、五氯硝基苯）。此病会影响到枝条部分，不会伤害到根部，但在严重的情况下，可能也会导致整个植株都染病。常见虫害主要有潜叶蝇、红蜘蛛等，可用灭蝇安、克螨特等药剂灭杀。铁线莲病虫害如图 4-62~ 图 4-64 所示。

图 4-62　铁线莲病虫害（一）　　　　图 4-63　铁线莲病虫害（二）　　　　图 4-64　铁线莲病虫害（三）

【思考题】

请归纳总结常见几类铁线莲的开花习性和修剪方法。

随堂练习

随堂练习 27

二、吊盆观叶植物栽培技术

（一）常见吊盆观叶植物

吊盆观叶植物通常具备柔软下垂的枝条或花葶。它是阳台和室内美化的重要装饰，可以充分利用空间，适合阳台和居室面积小的环境。花盆悬吊室内、阳台外侧、窗口处，枝叶随风摇曳，别具一番风趣。吊盆装置，务求牢固。吊盆高度以不妨碍起居生活为原则。吊绳除用尼龙绳索外，用吊挂灯具的锁链更是美观。

1. 常春藤

五加科常绿攀援藤本。茎枝有气生根，幼枝被鳞片状柔毛。叶互生，2 裂，长 10cm，宽

3~8cm，先端渐尖，基部楔形，全缘或 3 浅裂；花枝上的叶椭圆状卵形或椭圆状披针表，长 5~12cm，宽 1~8cm，先端长尖，基部楔形，全缘。绿萝是一种颇为流行的室内盆栽花木，尤其在较宽阔的客厅、书房、起居室内摆放，格调高雅、质朴。株形优美、规整，是世界著名的室内观叶植物。其原产于我国，分布于亚洲、欧洲及美洲北部，在我国主要分布在华中、华南、西南、甘肃和陕西等地。性喜温暖、荫蔽的环境，忌阳光直射，但喜光线充足，较耐寒，抗性强，对土壤和水分的要求不严，以中性和微酸性为最好。

2. 垂盆草（图 4-65）

多年生草本。茎细而柔软，地栽者匍匐向前爬，盆栽者枝条下垂。叶无柄，3 叶 1 轮，排列整齐。夏季开黄花和葱绿叶片相间，惹人喜爱。性耐寒冷，又耐高温干燥。扦插易活，6~7 天生根，生长快，管理简便，只需一般浇水施肥即可。

3. 吊竹梅（图 4-66）

多年生草本，茎匍匐。与紫鸭跖草同一科，形态习性也很相似。其叶片表面为紫绿色而杂有银白色条纹，中部和边缘有紫色条纹，背面紫红色。叶片只有紫鸭跖草一半大，长 3~7cm，宽 1~3cm。性喜温暖湿润环境，较耐阴，在肥沃疏松酸性土中生长良好。

图 4-65　垂盆草

图 4-66　吊竹梅

4. 虎耳草（图 4-67）

多年生常绿草本。匍匐茎，紫红色。单叶丛生，具长柄，肾脏形，密被长绒毛，沿脉处有时有白色斑纹，背面和叶柄紫红色。喜荫湿，易栽培，不可施浓肥，入室越冬。

5. 紫鸭跖草（图 4-68）

一年生草本，高 20~50cm。茎多分枝，带肉质，紫红色，下部匍匐状，节上常生须根，上部近于直立。叶互生，披针形，长 6~13cm，宽 6~10mm，先端渐尖，全缘，基部抱茎而成鞘，鞘口有白色长睫毛，上面暗绿色，边缘绿紫色，下面紫红色。花密生在二叉状的花序柄上，下具线状披针形苞片，长约 7cm；萼片 3 片，绿色，卵圆形，宿存；花瓣 3 片，蓝紫色；喜温暖、湿润，不耐寒，忌阳光暴晒，喜半阴。对干旱有较强的适应能力，适宜肥沃、湿润的土壤。对肥水要求多，但最怕乱施肥、施浓肥和偏施氮、磷、钾肥，要求遵循"淡肥勤施、量少次多、营养齐全"的施肥（水）原则。

图 4-67　虎耳草

图 4-68　紫鸭跖草

6. 天门冬（图 4-69）

多年生常绿、半蔓生草本，茎基部木质化，多分枝丛生下垂，长 80~120cm，叶式丛状扁形似松针，绿色有光泽，花多白色，花期 6—8 月，喜温暖、湿润、半阴，耐干旱和瘠薄，不耐寒，冬季须保持 6℃以上温度。

7. 吊兰（图 4-70）

宿根草本，具簇生的圆柱形肥大须根和根状茎。叶基生，条形至条状披针形，狭长，柔韧似兰，长 20~45cm、宽 1~2cm，顶端长、渐尖；基部抱茎，着生于短茎上。吊兰的最大特点在于成熟的

图 4-69　天门冬

植株会不时长出走茎，走茎长 30~60cm，先端均会长出小植株。花葶细长，长于叶，弯垂；总状花序单一或分枝，有时还在花序上部节上簇生长 2~8cm 的条形叶丛；花白色，数朵一簇，疏离地散生在花序轴。花期在春夏间，室内冬季也可开花。目前吊兰的园艺品种除了纯绿叶之外，还有大叶吊兰、金心吊兰和金边吊兰三种。前两者的叶缘绿色，而叶的中间为黄白色；金边吊兰则相反，绿叶的边缘两侧镶有黄白色的条纹。大叶吊兰的株形较大，叶片较宽大，叶色柔和，属于高雅的室内观叶植物。原产于非洲南部，在世界各地广为栽培。其性喜温暖、湿润、半阴的环境。适应性强，较耐旱，不甚耐寒。不择土壤，在排水良好、疏松肥沃的砂质土壤中生长较佳。对光线要求不严，一般适宜在中等光线条件下生长，亦耐弱光。生长适温为 15~25℃，越冬温度为 5℃。

图 4-70　吊兰

8. 络石（图 4-71）

常绿藤本，长有气生根，常攀援在树木、岩石墙垣上生长；初夏 5 月开白色花，花冠高脚碟状，5 裂，裂片偏斜呈螺旋形排列，略似风车，芳香。常见栽培的有花叶络石，叶上有白色或乳黄色斑点，并带有红晕；小叶络石，叶小狭披针形。枝蔓长 2~10m，有乳汁。老枝光滑，节部常发气生根，幼枝上有茸毛。单叶对生，椭圆形至阔披针形，长 2.5~6cm，先端尖，革质，叶面光滑，叶背有毛，叶柄很短。聚伞花序腋生，具长总梗，有花 9~15 朵，花萼极小，筒状，花瓣 5 枚，白色，呈片状螺旋形排列，有芳香，花期 6—7 月。喜光，稍耐阴、耐旱、耐水淹能力也很强，耐寒性强，抗污染能力强，对有害气体（如二氧化硫、氧气及氯化氢、氟化物及汽车尾气等光化学烟雾）有较强抗性。它对粉尘的吸滞能力强，能使空气得到净化。容易培育，管理粗放。

图 4-71 络石

9. 绿萝（图 4-72）

原产于热带雨林地区，为天南星科常绿藤本植物。属于攀藤观叶花卉，藤长可达数米，节间有气根，叶片会越长越大，叶互生，常绿。萝茎细软，叶片娇秀。蔓茎自然下垂，既能净化空气，又能充分利用空间，为呆板的柜面增加活泼的线条、明快的色彩，具有很高的观赏价值。性喜温暖、潮湿环境，要求土壤疏松、肥沃、排水良好。阴性植物，忌阳光直射，喜散射光，较耐阴。室内栽培可置窗旁，但要避免阳光直射。阳光过强会灼伤绿萝的叶片，过阴会使叶面上美丽的斑纹消失，通常以接受 4 小时的散射光为好。

10. 千叶兰（图 4-73）

千叶草又名千叶兰、千叶吊兰，为蓼科多年生常绿灌木。植株匍匐丛生或呈悬垂状生长，细长的茎红褐色。小叶互生，叶片心形或圆形。其株形饱满，枝叶婆娑，具有较高的观赏价值，适合做吊盆栽种或放在高处的几架、柜子顶上，茎叶自然下垂，覆盖整个花盆，犹如一个绿球，非常好看。

图 4-72 绿萝

图 4-73 千叶兰

性强健，喜温暖湿润的环境，在阳光充足和半阴处都能正常生长，具有较强的耐寒性，冬季可耐0℃左右的低温，但要避免雪霜直接落在植株上，并要减少浇水；若根部泡在水中，会造成烂根，使植株受损。生长期保持土壤和空气湿润，避免过于干燥，否则会造成叶片枯干脱落，每月施一次腐熟的稀薄液肥或观叶植物专用肥。夏季注意通风良好，并适当遮光，以防烈日曝晒。每年春季换一次盆，盆土宜用含腐殖质丰富、疏松肥沃，且排水透气性良好的砂质壤土。发芽时对植株进行一次修剪，剪去过长、过密的枝条和部分老枝，其节处会萌发许多新枝，使株形更加饱满。由于千叶草生长较快，因此栽培中应经常整形，及时剪除影响株形的枝条，以保持美观。

绿萝吊盆一次
性扦插成型

（二）常春藤吊盆一次性扦插成型技术

1. 前期准备

（1）场地卫生整理和消毒　对场地进行卫生整理，包括整个空间。根据情况选用福尔马林溶液，或者用石灰、杀菌杀虫剂等消毒。

1）福尔马林溶液消毒办法：将0.1%~0.15%福尔马林溶液喷洒在苗床和过道，尽快操作好并离开，密闭5~7天。操作人员必须戴护目镜、口罩和皮手套等防护装备。

2）石灰消毒主要针对苗床下，用量为每平方米50g。

3）杀菌和杀虫剂消毒通常结合病虫害预防，除植物要喷洒之外，场地也要喷雾。使用药剂和浓度：杀虫剂用0.6%阿维菌素乳油1000倍液或者37%乐斯本乳油1000倍液，杀菌剂用50%百菌清粉剂800倍液、70%甲基托布津粉剂800倍液、75%多菌灵粉剂700倍液等。

（2）介质的配制　介质配比为泥炭：蛭石：珍珠岩=4:3:3。拌合介质时适当洒水，水沿介质画圈；水往翻入的干介质上浇去，将介质由一边拌向另一边空地（无须离原介质太远），水顺着铲来回浇；介质润湿即可，以捏一把在手上无滴出水来且手松抖动即散为好。介质来回需要拌3次以上方可搅拌均匀。

（3）介质上盆　介质装至离上口径1~1.2cm处，装得不平整时不可用手将其压平，只需手持盆口轻轻抖动将介质抖平即可。

（4）吊盆摆放和浇水　将装好介质的盆子摆放至场地，摆好后浇水。

2. 插条处理

扦插枝条选择无病害生长良好的一年生枝条，沿盆口剪下，采集的枝条存放要求不超过2小时，防止枝条失水。采后先洒水在枝条上，或者直接在洁净的水里捞一下；如果枝条脏了，就要先洗净。如果剪取的母本枝条过多，就需要喷水保湿，置于阴凉处。每天每人的采穗量保证当天能够全部插完。

3. 扦插

扦插时，一插一剪、剪一节，即拿整根枝条插下去一节（图4-74）。节间上方留取适当长度（2~10mm）剪下，节间接触介质，插入介质的节下部分不用太长，约10~20mm即可。操作时一插一剪，扦插速度加快。口径210mm吊盆常春藤36个插穗/盆，绿萝20个插穗/盆。扦插完后要及时喷雾，以保证苗的湿度，否则会造成叶片枯

图4-74　扦插常春藤

萎。统计扦插数量和时间，以及当时的温度、湿度情况。

4. 浇水及覆盖

插后立即浇透水，并对叶面喷水。盆口用塑料薄膜覆盖，盆周围用绳扎紧。

5. 插后管理

将盆放在阴凉、稍有阳光处。每日揭开塑料膜，用喷壶在叶面上喷水 1~2 次。喷后仍将薄膜覆盖并扎紧，以保持盆内的湿度。如此，7~10 天左右即可生根。

6. 生根后管理

（1）温度　最佳生长温度为 18~28℃。若温度高于 35℃，生长速度减慢，叶面出现皱缩，影响观赏效果，同时其扦插穗生长也比正常情况要慢，需要及时开湿帘、风机或叶面及周围洒水来降低温度。

（2）光照控制　光照强度为 5000~10000lx。

（3）湿度和水分控制（图 4-75 和图 4-76）　介质干湿交替，但不出现干过头。空气湿度以 60%~75% 为好。

图 4-75　扦插后干过头的常春藤

图 4-76　水分适中的常春藤

（4）通风　要保持通风顺畅，生长季节适当掀膜通风。

（5）水肥管理　常春藤生长高峰期，肥料 20-10-20 由 1000 倍增至 800 倍，14-0-14 由 800 倍增至 600 倍，EC 值均在 1.3 左右。

（6）病虫害杂草管理　5—10 月是常春藤的生长旺季，同时也是病害的高发期，应注意水肥的管理，也不能怠慢病虫害的防治。危害常春藤的病虫害主要有：叶斑病、蚜虫、红蜘蛛、夜蛾等。

1）叶斑病。侵染叶片，叶上病斑圆形，后扩大，呈不规则状大病斑，并产生轮纹，病斑由红褐色变为黑褐色。棚内潮湿时容易发生，在梅雨季节、扦插期间、秋冬多雨季节要格外注意，平均一星期 50% 百菌清粉剂或 75% 甲基托布津粉剂 800~1000 倍喷施，也可适当混入叶面肥，防病增肥两不误。

2）蚜虫。危害嫩梢，多发生在春秋季节，蚜虫吸嫩梢的汁液，影响其生长速度和观赏效果。5% 吡虫啉乳油 2000~3000 倍液喷雾防治，效果较好。

3）红蜘蛛。干旱少雨时期，空气干燥情况下容易发生。在叶背面吸食汁液，致使出现灰白色斑点，严重时候会使叶子枯焦。通常在5—11月之间发生，花叶品种容易滋生。15%哒螨灵乳油2300~3000倍液、73%克螨特乳油3000倍液或1.8%阿维菌素4000~6000倍液喷施。

4）夜蛾。成虫吸食汁液，幼虫啃食叶面或茎，极大影响常春藤的观赏效果，在春夏季节和暖秋时期发生，繁殖速度快，稍不注意就会大面积暴发。1.8%阿维菌素乳油1000倍液、70%氰戊菊酯乳油1500倍液轮换喷施；若量大，则要每3~4天增喷。

（7）修剪（图4-77和图4-78）与垂挂　枝条长出盆口10cm左右时修剪一次，修剪可促进枝芽萌发形成紧凑性，增加垂挂枝条数量。枝条生长长度超过10cm时，应作垂挂处理。

图4-77　修剪常春藤

图4-78　修剪后的常春藤

【思考题】
　　有哪些花卉适合做吊盆栽培？

三、其他观花类藤蔓花卉盆栽技术

（一）藤蔓月季的盆栽技术

1. 品种选择

大型藤蔓月季常见的有大游行、粉色龙沙宝石、紫袍玉带、自由精神、杰夫汉密尔顿、威基伍德、红色龙沙宝石、王妃、印象派等；中小型常见的有亚伯拉罕达比、夏洛特公主、粉色达芬奇、藤宝贝、藤彩虹、安吉拉、艾拉绒球、胭脂扣等。这些藤蔓月季的株形大小、枝条的柔软性等差异都很大，在栽培中需根据种植环境、种植用途加以挑选，才能达到理想效果。

2. 基质配制、水肥管理

可参考灌木月季。

3. 整形修剪及牵引绑缚

藤蔓月季不具备自己攀援的能力，因此人工牵引绑缚很重要，另外由于栽培方式不同，因此其整形修剪与灌木月季有很大差异（图4-79）。

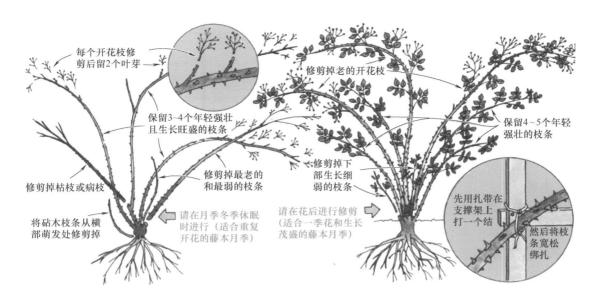

每个开花枝修剪后留2个叶芽

修剪掉老的开花枝

保留3~4个年轻强壮且生长旺盛的枝条

保留4~5个年轻强壮的枝条

修剪掉枯枝或病枝

修剪掉最老的和最弱的枝条

修剪掉下部生长细弱的枝条

将砧木枝条从横部萌发处修剪掉

请在月季冬季休眠时进行（适合重复开花的藤本月季）

请在花后进行修剪（适合一季花和生长茂盛的藤本月季）

先用扎带在支撑架上打一个结

然后将枝条宽松绑扎

图 4-79　藤蔓月季的修剪

【思考题】

请阐述藤蔓月季的修剪及牵引绑缚技术。

（二）常见几种观花藤蔓花卉

1. 风车茉莉（图 4-80）

夹竹桃科常绿藤本，具缠绕性与气生根吸附性，有较强的攀援能力。花色有白色、黄色和粉色，其中粉色风车长势稍慢，而白色和黄色风车长势很快。盆栽用土只要排水效果不差就可以。适合半阴环境，早上和下午可以正常光照，中午阳光特别强烈的时候，需要遮挡强光。喜欢潮湿，一般情况下，春秋季节隔天浇水一次，夏季的温度高，水分蒸发快，需要每天浇水。性喜肥，特别是在花期，对养分的消耗比较大，生长期可以多施，以促进枝叶生长；冬天需控肥，以防用肥过量造成肥害。可扦插繁殖。

图 4-80　风车茉莉

2. 红萼苘麻（图 4-81）

锦葵科常绿软木质灌木，全年都可开花，适合作为吊盆栽种观赏，是优良的盆栽观花植物。因其花似悬挂的小灯笼，故别名灯笼花。花萼像吊着的红灯笼，"红灯笼"下边黄色部分是花冠，像灯笼的装饰花边，花冠中央往下伸出长长的花蕊，像是灯笼的流苏。

红萼苘麻产于巴西等热带地区。性喜温暖，不耐寒，冬季温度最好保持在10℃以上；宜使用含壤土基质进行栽培。喜欢阳光充足的环境，每天至少需要4小时的直射阳光才能生长良好；喜湿润，生长期等盆土表面 1cm 深处干了就需要进行浇水，天气干燥时须向叶面进行喷水，冬季温度低时，只要保持盆土不完全干掉即可。生长季定期向盆土中施适量的氮∶磷∶钾 =1∶1∶1 的复合肥，冬季温度低时不需要施肥。幼苗上盆后要注意进行摘心，以促发其多分枝，使植株丰满；在每年春季，可进行换盆，换到比原盆大一号的花盆里，3~4 年后可丢弃重新扦插新苗。

图 4-81　红萼苘麻

3. 木香

蔷薇科落叶攀援灌木，花期 4—6 月，开花时花量大且花期长，重瓣黄木香是栽培最广泛的品种。喜阳光充足、湿润的环境，也耐半阴，耐旱，要求疏松肥沃的土壤，较耐寒。盆栽一般需要每年换盆，要求盆土疏松、盆径适当、干湿适中、薄肥勤施；生长期充分浇水，立支架以利其攀援生长，注意整形修剪。多用扦插、压条、嫁接繁殖，于春、夏季进行。

4. 多花素馨

多花素馨是缠绕木质藤本植物，高 1~10m。小枝圆柱形或具棱，无毛。叶对生，羽状深裂或为羽状复叶，有小叶 5~7 枚；总状花序或圆锥花序顶生或腋生。喜日光充足的环境，环境荫蔽则植株开花较少。要保证栽培环境通风良好。喜高温，怕寒冷，在 18~30℃ 的温度范围内生长较好，越冬温度不宜低于 0℃。生长旺盛阶段，应该对徒长枝进行短截，以促进花芽分化。要求空气湿润、土壤肥沃、排水良好。盆栽建议由腐叶土、粗砂、园土组成，比例按体积计，依次为 1∶1∶2，最好同时掺入少量骨粉，其用量可控制在栽培基质总体积的 0.3% 左右。定植时施用基肥，生长旺盛阶段定期追施液体速效肥，其性喜大肥，在肥料充足的条件下生长迅速。扦插法繁殖为主。

5. 双喜藤

双喜藤原产于美洲热带，为夹竹桃科多年生常绿缠绕茎花卉，柔软而有韧性，可搭配支架使其盘旋而上，粉红似喇叭的花大而直挺。喜欢温暖湿润的环境，但分枝性不好；喜欢充足光照，光照不足则开花减少；耐寒性比较差，最适生长温度为 20~31℃，最高温不宜超过 35℃，最低温度为 14℃，低于 10℃ 随时会产生冻害的可能。盆栽基质可使用塘泥、泥炭土、河沙按 5∶3∶2 混合配制；每年春季换一次盆，并适当修理根系。盆栽用平衡缓释肥做基肥，生长期每隔 7~10 天施 1 次液体速效肥，一般在春季施用氮、磷、钾比例均衡的复合肥，如 15-15-15，每周两次；晚春或初夏为促使植物开花，可追加含磷量多的肥料，如 10-20-10 等。花期过后即可进行修剪，如果是一、二年生植株，可进行轻剪，修剪主要是为了整形，多年生老株可于春季进行强剪，以促其萌发强壮的新枝。

6. 美国大牵牛

旋花科多年生缠绕性宿根花卉，不结种，生长强健，快速，喜欢充足阳光，耐寒性好，-10℃ 越冬没有压力，气温太低会落叶，但来年春天又会从根基部萌发幼苗。慎施氮肥，多施氮钾肥。夏天叶子太茂盛影响开花时可除去部分老叶促进开花。长势很狂野，适合盆栽以控制其长势。一般扦插繁殖，尤其节部碰到土壤，很容易长出气生根，剪切下来可以直接种植。

7. 黑眼苏珊（图 4-82）

爵床科一年生或多年生攀援植物，花单生于叶腋，花期 6—9 月，因其喉部中心有紫黑色圆形大斑点，似眼状结构，故得名。喜温暖潮湿和全日照阳光充足的环境；生长适温 20~30℃，越冬温度 9℃，忌严寒。可扦插和播种，播种植株较扦插生长更茂盛，按其生长状态逐步换盆，最后定植于直径 15~20cm 花盆，可以引导它攀援生长也可吊盆种植。盆栽介质可采用 2 份泥炭、2 份腐叶土混合 1 份珍珠岩或河沙。较不耐旱，定量浇水利于生长；喜肥，一旦定植后春至秋季要经常浇水施肥，以期不断开花。适时摘心，可导致分枝，花后剪茎，可改善株形。

8. 球兰（图 4-83）

萝藦科攀援灌木，附生于树上或石上，茎节上长气生根，喜高温、高湿、半阴环境。盆栽适合阳台种植，忌烈日曝晒，其适生温度为 20~25℃，除华南温暖地区外，盆栽需温室越冬。球兰喜肥沃、透气、排水良好的土壤，盆栽基质以疏松肥沃的微酸性腐殖土较佳，可用泥炭土、沙和蛭石配制。生长过程中需肥量较少，上盆时可加入适量骨粉、缓释肥作基肥；夏季以后多施磷钾肥，在孕蕾开花前适当施些含磷稍多的液肥，如用磷酸二氢钾 0.1% 的溶液。

图 4-82　黑眼苏珊

图 4-83　球兰

【思考题】

请归纳上述几种观花藤蔓栽培或习性上最与众不同或最需要关注的是什么？

随堂练习

随堂练习 28

📌 任务小结

　　藤蔓类花卉由于其株形独特，易于造型，观花、观叶、观型各有千秋，因此在园艺栽培上广受欢迎。但由于枝条柔软，容易在视觉上产生株形散乱的感觉，甚至影响景观效果，因此藤蔓类花卉应选择适合的栽培方式、合适的支架和及时的牵引绑缚。

任务6　多肉花卉盆栽技术

📌 主要内容

一、多肉花卉概述及繁殖技术

（一）概述

　　多肉花卉通常本身茎、叶肉质，肥厚多汁，具强大的储水能力，栽培中一周甚至一个月不需要浇水，多数不耐低温，喜欢干旱，喜欢充足光照。目前全世界共有多肉植物一万余种，它们都属于高等植物（绝大多数是被子植物），在植物分类上隶属几十个科，多数集中分布在景天科、仙人掌科、番杏科和百合科，当然其他还有很多科也有多肉花卉，如菊科、夹竹桃科、大戟科等。

（二）繁殖技术

　　多肉花卉的繁殖大多在春、秋季节进行，常见的繁殖技术有：播种、分株、叶插、砍头、枝插、嫁接，由于花卉本身的遗传因素，综合考虑操作的技术难度、繁殖系数等因素，通常不同类型的多肉采用不同的繁殖手段。

多肉植物的繁殖

　　1. 播种

　　适宜种类：景天、仙人球、番杏、十二卷。

　　2. 分株

　　适宜种类：景天、仙人球、十二卷（玉露类少用），番杏偶尔使用。

　　3. 叶插

　　适宜种类：大多数景天、十二卷都可以。银月、蓝姬莲、熊童子、蓝松、黑法师、钱串、青锁龙属、莲花掌属的叶插较难。

　　4. 砍头

　　适宜种类：景天、十二卷。

　　5. 枝插

　　适宜种类：主要景天科。

　　6. 嫁接

　　适宜种类：主要仙人掌科。

多肉的扦插繁殖

随堂练习

随堂练习 29

二、景天科多肉花卉盆栽技术

（一）常见品种

1. 拟石莲花属

景天科的拟石莲花属多肉植物是多肉植物中最受欢迎的种类之一。具短茎，肉质叶排列成标准的莲座状生于短缩茎上，叶片匙形稍厚，顶端有小尖，大多拥有莲花一般优雅的体态，品种（包括杂交品种）繁多，区分起来相当困难。喜温暖、干燥和阳光充足的环境，耐干旱，不耐寒，大部分是夏季休眠。多数可叶插。

2. 景天属

景天属品种繁多。既有像树木一样笔直生长的，也有侧向一边生长的，甚至还有开花后香气四溢的。多为好养的普货。大部分景天属的植物叶丛都会开出黄色或者白色的花。景天属的休眠期是夏天，较耐寒。多数可以叶插。

3. 莲花掌属

形状像雨伞。莲花掌属的植物大多数中间有一根很长的茎，而叶子就长在茎部顶端。莲花掌属多肉植物叶如莲花，树形漂亮，花后全株枯死。休眠期在夏季。不能叶插，只能茎插。冬天喜光。

4. 青锁龙属

青锁龙属多肉植物以形状、颜色多样而著称，最常见的是花月（玉树）。休眠期大多在冬季，所以冬季几乎不用浇水。

一般用砍头，部分可叶插和分株。

5. 厚叶草属

厚叶草属植物的特点就是叶片圆润且丰满，在韩国，厚叶草属也被称为"美人属"，因为该属以美人命名的品种有很多，例如：星美人、桃美人、冬美人等等。

没有休眠期，四季都很美丽。大部分采用叶插法。较耐寒。

6. 伽蓝菜属

以花朵艳丽著称的长寿花，周身覆盖细小绒毛的月兔耳以及叶子宽大的唐印，都是伽蓝菜属。喜光，不耐寒。

7. 瓦松属

通常瓦松属的植物开花后母株就死掉，需要赶紧剪掉花箭。休眠期在冬季，耐旱耐寒。分株或播种。

（二）栽培养护

1. 光照

多晒，否则会影响花卉状态。

多肉植物的养护

2. 浇水

不干不浇，干透浇透；叶片不浇，叶心不浇；下雨不浇，下雪不浇；太热不浇，太冷不浇；状态不好不浇。冬天、夏天控水，春、秋露养不用管；如果放置于大棚，则老叶发皱再给水。

3. 通风

多肉通常喜欢凉爽干燥的环境，通风非常必要。怕高温。不仅地上部分通风，根部透气更要紧。最好是户外栽培。

4. 土壤

配土原则"薄、瘦"，需要疏松、有颗粒的土壤。一般的无菌园土，火山土（赤玉土、鹿沼土等），燃烧完全的煤渣，轻石，沙子，谷壳灰（涉及酸碱度）。

5. 温度

10~25℃最适宜生长。低于0℃或高于35℃进入休眠或半休眠状态。

6. 施肥

多肉的原产地通常在高山、沙漠、岩石、峭壁等地方。户外常见瓦背、墙头等地方。一般不施肥，少数需要开花的种可少量给肥。

7. 病虫害介壳虫

病虫害有蚜虫、蚂蚁、霉菌，用相对应的药剂防治。

8. 翻盆

1）基质：颗粒性基质所占比例一般可达70%左右。常见的有河沙、鹿沼土、赤玉土、麦饭石、珍珠岩、虹彩石等。薄、瘦。潮土干种。

多肉植物换盆

2）盆器：浅口盆比深盆好，盆底有脚比盆底无脚好。

3）种植前准备：修根，晾根，消毒杀菌；普货有时候只修根即可。

4）种后不必浇水，置于阴凉通风（一定不能淋雨）处缓苗2~3天后可置于光照充足处。

5）10天左右才可淋雨。

9. 养护关键点

1）基质选择：透水是第一位，薄、瘦。

2）盆器选择：露养最好浅口盆，带脚更好，否则夏天雨水淋下来再高温烘烤，热气上升，根会被烫死。大棚养有时为造型需要可以考虑用深盆。

3）越冬：冬季低温一定要控水，不要淋雨，否则会受冻。

4）越夏：尤其梅雨季节千万不要淋雨，加强通风。

【思考题】

如何从外形上区分景天类多肉？

📌 随堂练习

随堂练习30

三、番杏科多肉花卉的盆栽技术

番杏科种植最广泛的当属生石花类，因为长得像石头而得名。其颜色会根据四季的变化而变化，极具观赏价值，深受喜爱。生石花喜欢冬暖夏凉的环境，怕低温、喜欢阳光充足但忌强光，适合生长的温度为 10~30℃。一般生长 3~4 年便可以从缝隙中开出黄色、白色、粉色的花朵，一般下午开放，傍晚闭合，花期一般在 3~7 天左右，花非常娇美。

1. 盆栽配土

生石花适应性比较强，用土配方很多，掌握疏松透气的原则。由于主根系不是很发达，因此用 2~4mm 之间的颗粒土即可。

播种土建议蛭石∶泥炭∶砻糠灰∶珍珠岩∶有机肥 =9∶10∶7∶10∶2，按比例混合，加少许杀虫杀菌药。

两三年苗移盆建议珍珠岩加到 15，其他不变，植物越大，珍珠岩就越多，也可以加入赤玉等颗粒。珍珠岩质地很轻，种好之后表面最好铺一层装饰土，防止浇水时珍珠岩浮起。

2. 浇水

浇水的总原则是间干间湿。浇水过多会使植物颜色变淡，影响观赏性，甚至出现双重脱皮、抗性变差等后遗症。

生石花不同生长情况下浇水有区别。冬季和春季脱皮期间尽量少给水，甚至断水一段时间，等植物脱皮基本完成再正常给水。植物越大，脱皮越慢，断水时间也就越长。脱皮完成到夏季植物生长期间正常给水。夏季高温大部分生石花处于半休眠中，这时候浇水要慎重，可以断水一段时间，清晨用喷雾代替，像红大内、红菊水等休眠明显的最好断水。秋季正常给水。冬季开始植物慢慢长新头酝酿脱皮，这时候又要开始控水了。越大的植物，提前控水对春季安全完成脱皮越有好处。

3. 光照

生石花喜欢充足阳光，它能使植物保持完美的体形、漂亮的花纹和色泽，但夏季需要适当遮荫，降低损耗。夏季大棚遮荫度 55% 可以保证植物安全度夏，家庭环境下可以根据实际情况调整放置的位置，可用防虫纱窗网来作为遮荫，层数根据实际调整。

4. 移苗

移苗最好在秋季进行，合适的气温和光照有利于小苗安全恢复。1~2 年小苗移苗主根只留 0.3~0.5cm 长，其余剪掉，栽种时预留 2 年左右的生长空间。种好后放在散光通风处，可以立即浇水（一般不会有问题，也可以隔一天浇水），第一次水里最好加点杀菌剂。新移苗的植物部分会有萎缩和发软现象（脱水原因），隔一两天可喷次水（阴雨天不喷），等观察到植物有光泽出来开始饱满，说明长根，可以慢慢给予光照。

5. 换盆

成株植物的换盆 2~3 年进行一次，每年春季刚脱完皮和秋季是合适的时间，先修根，一条主根的只留 1cm 之内，很粗大有分叉的根系修到主根分叉处，种好后可以放一周再浇水。光照要柔和过渡一阵。

6. 生石花盆栽关键注意点

1）在生石花进行换盆的时候，需要将植物从土壤中去除，抖落部分泥土，不要伤及毛细根；对于干枯的老根，可进行剪除。

2）在生石花蜕皮的时候一般不建议将皮剥掉，避免伤害苗圃。

3）生石花的浇水时间一般在傍晚，不要在温度较高的时候进行浇水，以免突然降温对植物造成伤害。

【思考题】

生石花移苗的注意事项有哪些？

🔖 **随堂练习**

随堂练习 31

四、仙人掌科多肉花卉的盆栽技术

茎肉质，呈球状、柱状或扁平，茎上有螺旋状排列的特殊刺座，其上着生有刺、毛、腺体或钩毛、花或芽，大小因品种的不同而异，小的如衣服纽扣，大的可高达 2m；叶常退化，仅少数有正常的叶片（如叶仙人掌）；根系分布广，有快速吸收水分的能力，在短暂的雨季即可吸足水分，有的能用刺毛在晴朗的夜晚吸收空气中的水分。

（一）特性及分类

1. 生物学特性

1）原产于沙漠地带的仙人掌科植物一般有鲜明的生长期和休眠期：5—9 月为雨季生长期，10—次年 4 月为旱季休眠期。

2）具有独特的传宗接代方式。

3）非凡的耐旱能力：体形通常呈球形或具有肉质茎，储存大量水分，表面具附属物，减少蒸腾失水。

2. 生态类型

1）原产于热带、亚热带干旱地区或沙漠地带的地生类，如金琥。

2）原产于热带森林的附生类，如昙花、蟹爪兰。

（二）繁殖技术

仙人掌科植物通常采用扦插和嫁接，也有播种繁殖。

1. 扦插

扦插繁殖生长快，提早开花，保持原有品种特性。采用茎节、带刺座的乳状突起、仔球等材料扦插。时间以春夏最好，雨天不宜。插前选取宜成熟者，过嫩、过老都不好，荫干数日插于珍珠岩或蛭石中。插后置半阴处，常喷水但少浇水。

2. 嫁接

嫁接繁殖适合根系发育不良、生长缓慢、不易开花的品种（如一些缀化品种）、斑锦变异品种（如绯牡丹）以及分枝低下或悬垂性品种（如蟹爪兰）的造型。

嫁接注意砧木与接穗的选择，砧木接口高低；接口表面应干燥，接后避雨。

（三）盆栽养护

1. 基质

排水通畅、透气良好的石灰质沙土或砂质壤土。

2. 温度

地生类通常在 5℃以上就能安全越冬；附生类全年均需温暖，越冬需 12℃以上。

3. 光照

地生类耐强光，需充足光照；附生类除冬季需充足光照外，其余时间以半阴为好。

4. 水分

地生类生长季充分浇水，高温高湿可促进生长，但休眠的冬季宜控水，有助越冬和来年开花；附生类不耐干旱，冬季也无明显休眠，四季均需浇水或喷水。

5. 肥料

生长季施少量稀薄液肥即可。

【思考题】

　　原产于沙漠地带和原产于热带雨林的仙人掌科花卉在形态、习性、栽培养护方面都有各自的特点，请思考一下这些与原产地气候的关联。

随堂练习

随堂练习 32

五、百合科多肉花卉的盆栽技术

百合科多肉植物相对品种较多，株形、习性、观赏特点差异也较大，十二卷属是目前市场上相对比较集中的，园艺变种和杂交品种更是繁多，叶形变化丰富，尤其日本培育了很多珍贵的园艺名品。该属很多种类习性强健，栽培要求不高而且耐半阴，甚至冬天对温度要求也不高，因而盆栽很普遍。

（一）分类

十二卷按叶片软硬可分为软叶系、硬叶系和大型硬叶系 3 类。

1. 软叶系

软叶类叶多汁透明，短而肥，叶缘常有美丽的毫毛，叶的上部常呈透明状，有的呈明显的"窗"状结构（如寿、万象）。光线可透过"窗"进入植株体内进行光合作用，如毛汉十二卷、绿玉扇、青蟹、静鼓、白银寿、京之华锦、冰灯玉露等。

2. 硬叶系

硬叶类植物叶面常被白色斑点，或结节成条状（缟状），叶片剑形或三角形，具有反射强烈阳光的作用，如青瞳、十二之缟、象牙之塔、雄姿城、龙城、东之星座、龙鳞等。

3. 大型硬叶系

有天使之泪、环纹冬之星座锦、瑞鹤锦等。

（二）玉露的盆栽技术

玉露类因其独特的观赏特点而深受喜爱，下面重点介绍玉露类盆栽技术。

1. 盆栽基质

玉露适宜在疏松肥沃、排水透气性良好、含有石灰质并有较粗颗粒度的砂质壤土中生长。常用腐叶土 2 份、粗沙或蛭石 3 份的混合土栽种，并掺入少量骨粉等。玉露寿锦、毛玉露等高档品种，还可用赤玉土、兰石、植金石等人工合成材料栽种，但要加入适量的泥炭土，以增加土壤的有机质含量。

2. 光照管理

玉露对光照较为敏感。若光照过强，叶片生长不良，呈浅红褐色，有时强烈的直射光还会灼伤叶片，留下斑痕。而栽培场所过于荫蔽，又会造成玉露株形松散，不紧凑，叶片瘦长，"窗"的透明度差，这样的玉露很难恢复原来的品相，只能等这批徒长的叶片慢慢脱落，再长出健壮的新叶。而在半阴处生长的植株，叶片肥厚饱满，透明度高，因此，5—9 月可加一层遮阳网，10 月至翌年 4 月要去掉遮阳网，给予全光照。

3. 水分管理

生长期浇水掌握"不干不浇，浇则浇透"的原则，避免积水，更不能雨淋，尤其是不能长期雨淋，以避免烂根，但也不宜长期干旱，否则植株虽然不会死亡，但叶片干瘪，叶色黯淡。空气干燥时可经常向植株及周围环境喷水，在生长季节可用剪去上半部的透明无色饮料瓶将植株罩起来进行闷养，使其在空气湿润的小环境中生长，可使叶片饱满，"窗"的透明度更高。但夏季高温季节一定要把饮料瓶去掉，以免因闷热潮湿导致植株死亡。

采用"浇则浇透"的原则，既能满足植物生长所需要的水分，又能保证根部呼吸作用所需要的氧气，有利于植物健康生长。

4. 肥料管理

生长期对于长势旺盛的植株可每月施一次腐熟的稀薄液肥或低氮高磷钾的复合肥，新上盆的植株或长势较弱的植株则不必施肥；夏季高温或者冬季温度较低时的休眠期也不必施肥。施肥时间宜选择天气晴朗的上午或傍晚，应根据不同的品种和生长期的差异进行。可以采用自动喷淋系统或者人工喷洒。

5. 通风

夏季气温逐渐升高，大棚内的温度更高，这时需要打开天窗，进行通风换气，也可打开周围的通风管。

6. 温度

玉露原产于南非，喜温暖干燥的半阴环境，不耐寒，忌高温、潮湿和烈日暴晒，怕水湿，生长适温 18~22℃。适宜在冬暖夏凉的环境中生长，夏季高温时玉露呈休眠或半休眠状态，生长缓慢或完全停滞，可将其放在通风、凉爽、干燥处养护，并避免烈日暴晒和长期雨淋，也不要浇过多水，停止施肥，等秋凉后再恢复正常管理。冬季夜间最低温度在 8℃左右，白天在 20℃以上，植株可继续生长，应正常浇水；若节制浇水，玉露会进入休眠状态。

【思考题】

玉露的生长习性与大多数景天科、仙人掌科多肉的差异有哪些?

随堂练习

随堂练习33

任务小结

多肉植物的盆栽技术区别于其他大多数植物,无论从选盆、基质还是水肥管理等方面都有自己独特的一面;同时就算同属多肉,不同科之间、同科不同类型之间都差异巨大;另外园艺品种很多,有些品种之间外形非常相似,很难区分。此外,多肉生长在不同环境下,外形、色彩变化很大。这些都增加了多肉花卉识别、养护上的难度。

【项目小结】

1. 多肉花卉的盆栽应该从选盆、基质配制、水肥管理等多方面加以把握。

2. 景天类多肉很多,而且园艺品种之间有时候差异并不那么明显,给识别带来很大难度,需要仔细观察,抓住本质特征方能准确无误。

3. 仙人掌科花卉原产地沙漠和热带雨林的两类在习性方面差异巨大,需准确把握。

4. 生石花类多肉的越夏是个大问题,一定要注意环境控制,移苗时也应注意关键环节。

5. 玉露类是比较另类的多肉,尤其体现在光照需求上。

讨论题

绿水青山就是金山银山,中国式现代化是人与自然和谐共生的现代化,要像保护眼睛一样保护自然和生态环境。请谈谈园艺行业发展中(包括产业布局、基地选址、栽培管理、包装销售、经营管理等环节)应如何维护经济效益和生态环境的和谐统一。

项目5
切花栽培技术

任务 1　切花栽培概述

主要内容

一、鲜切花的概念及分类

鲜切花一般是指剪切下来具有观赏价值的用于花卉装饰的茎、叶、花、果等新鲜植物材料。根据剪切部位的不同，鲜切花通常分为以下四类。

1. 切花

各种剪切下来以观花为主的花朵、花序或花枝，如月季、康乃馨、百合、唐菖蒲、鹤望兰、非洲菊、菊花等。

2. 切叶

各种剪切下来的绿色或彩色的叶片或枝条，如龟背竹、文竹、肾蕨、铁线蕨、龙血树、常春藤、变叶木、针葵等。

3. 切枝

各种剪切下来具有观赏价值的着花或具彩色的木本枝条，如银芽柳、桃花、连翘、海棠、牡丹、梨花、绣线菊、红瑞木等。

4. 切果

各种剪切下来的以观果为主要目的的果枝或果实，如南天竹、火棘、观赏南瓜、观赏茄、观赏辣椒等。

目前栽培中主要以切花为主，不论栽培面积还是产量，它在鲜切花生产中都占绝对优势。

【思考题】

请列出至少 20 个鲜切花。

二、鲜切花栽培质量管理

切花质量的含义包括观赏寿命、花姿、花朵的大小、小花发育状况、鲜度、颜色、茎和花梗的支撑力、叶色和质地等。观赏性是它的主要商品性能。切花的质量主要取决于采前的栽培技术、采后的处理措施。不同种类、不同品种的切花，花色、花形、产量、抗性、产花周期、采后寿命差别都很大。如红掌的瓶插时间可达 20~41 天，而非洲菊只有 3~8 天。同一种类不同品种的切花，采后寿命差异也很大，如月季有些品种瓶插寿命可达 14 天，而有些品种一般为 7 天。因此现代切花品种的选育工作已把采后寿命作为育种的重要目标。在评价新引进的切花种类和品种时，耐储运和瓶插寿命是最重要的考虑因素之一。

【思考题】

优质鲜切花不仅仅是外观好看，还包含哪些评价指标？

三、鲜切花栽培花期调控技术

花期调控即采用人为措施，使观赏植物提前或延后开花，又称为催延花期。使花期比自然花期提前的栽培方式称为促成栽培，使花期比自然花期延后的方式称为抑制栽培。

（一）花期调控的基本设施

1. 冷库（低温库）

冷库（低温库）是花卉生产者（尤其是我国南方）进行花卉生产的重要设施。没有冷库，许多花卉不能抑制到春天开花，对生产者来说是很大的经济损失。冷库不仅可以储藏球根花卉的种球，还可以使一些原来在温带地区生长的花卉移到南方栽培开花，另外还可以将提早开花的花卉移到冷库，延迟发育，延迟开花。

2. 温室

温室能有效调控花卉生长发育所需的环境因子，因此不论我国南方还是北方，不论对什么花卉植物都适用，对花卉周年生产、开放不时之花，以及生产鲜切花的质量都极为有利，同时病虫害危害的程度也可大大降低。

3. 荫棚

能防晒、遮阳、降温、抗风、防治病虫害，对一些要求中性日照、荫蔽环境或者越夏的花卉的生产尤为重要。

4. 短日照设备

黑布、遮光膜、暗房和自动控光装置等，暗房中最好有便于移动的盆架。

5. 长日照设备

点灯光照设施和控时控光装置。

（二）花期调控的前期准备

1. 花卉种类、品种选择

既能满足市场需求，又能对调控敏感，在既定的时间内能顺利开花的品种。

2. 球根成熟程度

成熟度不高，则促成栽培不易成功。

3. 植株或者种球的大小

植株或者种球必须达到一定大小，经过处理开花才有较高的商品价值，如郁金香鳞茎重量要达到 12g 以上，风信子周径要达到 8cm 以上。

4. 栽培条件和栽培技术

优良的栽培条件和熟练的栽培管理技术是花期调控成功的另一重要条件。

（三）花期调控的常用方法

1. 温度处理

（1）依据　温度对打破休眠、春化作用、花芽分化、花芽发育、花茎伸长均有决定性作用，因此采取相应的温度处理，既可提前打破休眠，形成花芽，又可加速花芽发育，提早开花；反之可延迟开花。

（2）途径

① 提高温度法：主要用于促进开花。通过加温阻止花卉进入休眠，防治热带花卉受到冻害，提供花卉继续生长以便开花的条件，使得花卉提早开花。

② 降低温度法：完成花芽分化成熟，促使提前开花，如一些球根花卉的种球，在完成营养生长，形成球根的过程中，花芽分化阶段已经完成，这时采收如果不经过低温处理阶段再种，则不能开花或开花不良，如郁金香、风信子等；低温春化，促使开花提前，一般两年生的耐寒性草本花卉，有低温春化的要求，在低温条件下完成花芽的分化和发育，然后在高温条件下开花；利用热带高海拔地区进行花期调控，这个地区的温度适合大部分花卉的生长，生长速度快，而且昼夜温差大，花卉生长质量好，又能省电；延迟花期，利用低温条件下花卉生长迟缓，或者休眠的特性，植株或种球生长缓慢或休眠，等到需要开花前拿出进行促成栽培即可调节花期。

2. 光照处理

（1）依据　光周期现象（植物通过感受昼夜长短变化而控制开花的现象称为光周期现象）。对于长日照花卉和短日照花卉，可人为控制日照时间，以提早开花，或延迟其花芽分化或花芽发育，调节花期。

（2）途径

① 短日照处理法：在长日照季节（夏天），要使长日照花卉延迟开花，使短日照花卉提前开花都需进行遮光处理。一般在日出之后至日没之前用黑布或黑色塑料布将光遮挡住，人为造成短日照条件。切记一般春季、初夏为宜，盛夏容易造成高温伤害。

② 长日照处理法：在短日照季节（冬季），要使长日照花卉提前开花，或使短日照花卉延迟开花，一般在太阳下山前将灯光打开延迟光照 5~6 小时或半夜用辅助灯光照射 1~2 小时中断暗期长度。

③ 颠倒昼夜处理法：如昙花在花蕾长至 6~9cm 时，颠倒昼夜处理 5~6 天即可在白天开花。

④ 遮光延迟开花时间处理法：有些花卉在含苞待放时不适应强光，这时进行适当的遮光可延迟开花观赏期，如月季、康乃馨、牡丹等。

3. 药剂处理

植物激素对植物的生长发育有调节作用，主要用于打破球根花卉和花木类花卉的休眠，提早开花。常用的药剂为赤霉素类药剂。针对不同植物种类，采用的激素种类、浓度、施用方法、所要求的生产环境条件均不同，把握不好容易造成药害，因此要慎用。

4. 栽培措施处理

（1）依据　日常的栽培措施由于直接对植物的生长发育产生影响，因而对植物的开花也产生影响。

（2）途径

① 调节种植期：对于不需要特殊环境诱导，在适宜的生长条件下只要生长到一定大小即可开花的种类，均可以通过改变播种期或种植期来调节花期。

② 修剪、摘心、除芽等：针对某些花卉，营养生长结束后，在适宜的条件下，从修剪、摘心等到开花，在不同季节有特定的时间，在预定花期前特定时间修剪，就可达到理想的开花时间。

③ 施肥：适当增施磷钾肥，控制氮肥，常常会对花芽的发育起促进作用。

④ 控制水分：人为控制水分，使植株落叶休眠，再在适当的时候给予水分供应，则可解除休眠，并发芽、生长、开花。牡丹、玉兰、丁香等木本花卉，可用这种方法在元旦或春节开花。

在花期的控制过程中，常采用综合性技术措施处理，控制花期的效果。如百合种球在采收后应用温度处理打破休眠，再冷藏，然后根据用花期在不同时间种植，再辅以合适的生长环境，即可达到周年生产。

【思考题】

花期调控技术途径很多，请就每一种途径列举出至少一种花卉。

四、鲜切花田间栽培管理技术

（一）光照管理

在切花栽培中，光照强度对植株的光合作用影响很大，而光合效率又直接影响切花植株中糖分的积累，光照强度还影响花瓣的色泽。栽培者应该根据具体切花种类的光照要求，采用适当的株行距，利用温室的反光帘和遮光网调控环境光照强度，生产出高质量的切花。

（二）温度管理

栽培期间温度过高，会使花朵小，缩短切花的观赏期寿命。

（三）肥料管理

肥料充足是植物生长的前提，但过量施氮会缩短切花的采后寿命，增加病害感染机会。土壤基质中含盐及含氯过高会造成植株生理伤害，缩短切花瓶插寿命。

（四）水分管理

土壤水分过多或不足，均会引起植株的生理危害，最终缩短切花的瓶插寿命。

（五）病虫害防治

在切花栽培过程中，应严格控制病虫害的发生，这对生产高质量的切花至关重要。

（六）避免空气污染

在切花温室栽培中，应注意避免空气污染。

【思考题】

各个栽培管理环节是如何影响切花质量的？

五、鲜切花的采收、分级与包装

鲜切花作为一种观赏性的商品，应具有新鲜的质地、鲜艳的色彩和娇丽的姿态，这样才会有更强的市场优势。鲜切花的上市是由产地的植物粗产品，经采收、分级、包装、贮藏、保鲜、运输等环节，转化成为特殊的植物性商品，因此采收和采后处理与采前管理同样重要，都直接影响着鲜切花的质量和销售价值。

（一）切花采收

1. 采收时期

商品切花的采收时期随花的种类、季节、环境条件、市场远近和某些特殊消费需求而定。过早或过迟采收都会缩短切花的观赏寿命。通常在能保证切花开花品质的前提下，以尽早采收为宜。对于距离市场较远或需进行贮运的切花，采收时期应比直接销售的早些。

（1）蕾期采收　花蕾期采收是目前鲜切花生产的方向之一，在能保证花蕾正常开放、不影响品质的前提下，应尽可能在充分发育的花蕾期采收，便于采后处理和提高栽培土地及贮运空间的利用率，降低成本，且有利于切花的开放和发育的控制。

（2）花期采收　并不是所有鲜切花都适合蕾期采收，有些花在蕾期采收，则花朵不能完全开放，如月季、菊花、唐菖蒲等。如采切过早，"弯颈"现象发生更频繁。

一些具穗状花序的切花（如乌头花、飞燕草和假龙头花）须在花序基部 1~2 朵小花开放时采切，否则花蕾将不能正常开放。

2. 采收时间

一天中采收最好的时间根据季节和切花种类有所不同。上午切割的优点是可保持切花细胞高的膨胀压，即切花含水量高，但因露水多，切花较潮湿，故易受采后真菌病害感染。下午采切时如遇高温干燥，切花易于失水。在晴朗炎热的下午，深色花朵的温度比白色花朵高出 6℃多。一般傍晚切割比较理想，在夏季，最适宜的切割时间是晚上 8 点左右。大部分切花宜在上午采收，尤其是距离市场近的可直接销售的切花和采切后易失水的切花种类，在清晨采收，切花含水量高、外观鲜艳、销售效益好。

3. 采收方法

切花采收一般用花剪；对于一些木本切花，如梅花、蜡梅、银芽柳等，可用果树剪，而草本切花（如百合）可用割刀采收，也有部分切花（如非洲菊）可直接用手从花枝基部拔起。切割花茎的部位要尽可能地使花茎长，但花茎基部如果木质化程度过高，基部刀割会导致切花吸水能力下降，缩短切花寿命，因此切割的部位应选择靠近基部而花茎木质化程度适度的地方。

（二）切花分级

切花分级是指切花按花枝长短、花径、新鲜程度等进行分类。

（三）切花包装

包装的作用是保护产品免受机械损伤、水分丧失、环境条件急剧变化和其他有害影响，以便在运输和上市过程中保持产品的质量，同时还起封闭产品和搬动产品的作用。

一般切花的包装是按一定数量扎成束（香石竹和月季等多为 20 枝成一束），然后用包裹材料包裹，置于包装箱内。装箱时应小心地把切花分层交替放置在包装箱内，各层之间放纸衬垫，直至放满，不可压伤切花。为了保护一些名贵切花免受冲击和保持湿度，在箱内放置碎湿纸，常在包装箱内放冰袋，以利降低温度保鲜。

包装方式分干包装和湿包装。月季、非洲菊、丝石竹、飞燕草、百合、微型月季和混合花束等切花常采用湿包装，防止上市后不能正常开花。

【思考题】

切花采收对切花寿命的影响体现在哪些地方？

六、鲜切花运输

（一）运输前化学处理

为防止运输过程中切花品质下降或腐烂，运输前需作一些药剂处理。喷杀菌剂或用内吸式杀虫剂或杀螨剂处理，可以防病害和虫害。

（二）运输前预冷处理

预冷是指人工快速将切花降温的过程。除了对低温敏感的热带种类，所有切花在采切后应尽快预冷。

（三）运输前及运输过程中环境因子的控制

1. 温度

切花的运输温度是决定其质量和寿命的关键因素。切花（除去对低温敏感的热带种类）在采切后应尽快预冷，然后置于最适低温下运输。原产于温带的花卉运输适温相对较低，通常在5℃以下；原产于热带的花卉则相对较高，通常在14℃左右；而原产于亚热带的花卉则介于两者之间。

2. 湿度

环境的相对湿度是影响植物蒸腾强弱的主要因素，因此鲜切花对运输环境相对湿度的要求很高，通常要求相对湿度应保持在85%~90%之间。

3. 光照

在长途运输过程中缺乏光照，尤其在高温条件下，易导致多种切花叶片黄化。

4. 微环境气体组成

包装箱内微环境的气体组成对切花观赏寿命有很大影响。而贮运过程中保持较高浓度的CO_2、较低浓度的O_2和脱除乙烯，对于降低切花的生理代谢活性、减少运输中的损耗有利。

【思考题】

比较四种预冷方式的优劣。

七、鲜切花保鲜

1. 冷藏

使用冷库、低温冰箱贮藏是目前切花保鲜最常用的方法。

2. 气体贮藏

气体调节贮藏是通过精确控制气体（主要增加 CO_2 含量，降低 O_2 含量），结合低温来贮存植物器官的方法。

3. 保鲜剂处理

经保鲜剂处理后，鲜切花的观赏期寿命可延长 2~3 倍，花朵增大，保持叶片和花瓣的色泽。市场销售的保鲜剂一般都含有糖、杀菌剂、乙烯抑制剂、生长调节剂、矿质营养和其他化合物。

【思考题】

保鲜剂的主要成分及作用是什么？

📎 **随堂练习**

随堂练习 34

📎 **任务小结**

鲜切花质量的含义包含很多方面，观赏寿命、花姿、花朵的大小、小花发育状况、鲜度、颜色、茎和花梗的支撑力、叶色和质地等，观赏性是它的主要商品性能。切花的质量主要取决于采前的栽培技术、采收技术、采后的处理措施，每个环节都影响甚大，因此必须严把每个环节的质量关。

任务 2　切花百合栽培技术

📎 **主要内容**

一、百合基本信息

百合是百合科百合属球根花卉，观赏百合象征纯洁、高雅，又有"百年好合"的寓意，中国人自古视为婚礼必不可少的吉祥花卉，是节假日不可缺少的切花种类（图 5-1）。

1. 形态特征

百合植株由地上部和地下部两部分组成。地下部分由鳞茎、子鳞茎、茎生根、基生根组成；地上部分由叶片、茎秆、珠芽（有些百合无珠芽）、花序组成。

百合的根为须根，分布范围小，根毛少。百合根分为基生根和茎生根。基生根肉质，着生于鳞茎盘下，种植后的头三周主要靠这些根进行水分、氧气和营养的吸收。茎生根是长在百合地下茎上的根，百合茎开始长出土面时，茎生根开始生长，这些根很快就替代了基生根，为百合以后的生长提供90%以上的水分、氧气和营养。茎生根除吸收功能外，还有固定地上部，避免倒伏的作用。

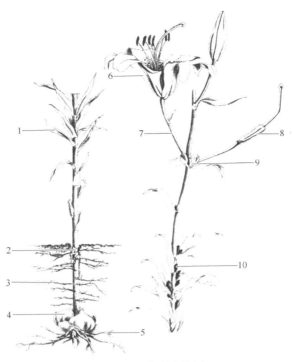

图 5-1　百合形态特征

1—叶　2—芽　3—茎生根　4—鳞茎　5—基生根　6—花　7—茎　8—种荚　9—叶腋　10—腋芽

百合的茎分为地上茎和鳞茎，地上茎直立，不分枝或少数上部有分枝，茎上长叶和花苞，是切花百合的主要产品，这部分产品的优劣是切花百合种植是否成功的标志。鳞茎由许多肥厚肉质的鳞片抱合而成，故起名"百合"，鳞茎球的大小、优劣对地上部分的生长、花苞的数量和品质起着非常重要的作用，种植者在种植前须注意对鳞茎球的选择。

百合叶互生或轮生，线形、披针形至心形，具平行叶脉。有些种类的叶腋处易着生珠芽。

百合花单生、簇生或成总状花序；花大形，漏斗状、喇叭状或杯状等，下垂，平伸或向上着生；花具梗和小苞片；花瓣 6 枚，平伸或反卷，基部具蜜腺；花色为白色、粉色、橙色等，非常丰富；常具芳香。蒴果 3 室，种子扁平。

2. 习性

百合种球耐寒性强；生根期间不需要光照、需要 10℃左右的低温；幼苗喜欢半阴，10~25℃ 是其最合适的生长温度；显蕾后喜欢充足光照，温度不要低于 15℃；喜欢疏松透气的土壤。

3. 品种分类

百合属约有一百余种，我国有 60 多种，但大多数为野生百合。用于观赏栽培的百合，大多依据亲缘种的发源地与杂种的遗传衍生关系、花色、花姿的不同等划分种系。

（1）东方杂交型百合（简称东方百合，又称为香水百合）（图 5-2）　地下鳞茎肥大，地上茎直立。叶宽披针形，排列疏散。花数朵排列成总状花序，花朵多侧向开放，花

图 5-2　东方百合

蕾多数，具芳香气味。花瓣反卷或波浪形，花被片常有彩斑。常见品种有：西伯利亚、索蚌、莱奥多、泰伯、元帅、马可波罗、伯尼尼、苏纹、小彩虹、自选、林荫大道等。有专门的切花和盆栽品种。

（2）亚洲杂交型百合（简称亚洲百合）（图5-3）　地下鳞茎肥大，地上茎直立。叶狭披针形，排列密集，光滑。花色丰富，花数朵排列成总状花序，花朵向上开放，瓣缘光滑不反卷，无芳香气味。品种有：拉脱维亚、卡莎贝拉、夜古巴、白天使、视野、全速、艾尔格都、新浪潮、黄色宝贝等。有专门的切花和盆栽品种。

（3）麝香杂交型百合（简称麝香百合，又称为铁炮百合）（图5-4）　地下鳞茎肥大，地上茎直立。叶散生，狭披针形，排列密集。花数朵顶生；花朵为喇叭形，侧向开放，花白色，具芳香气味。品种有：雪王后、白天堂等。

（4）L-A杂交百合　亚洲百合和麝香百合杂交所得，花形类似亚洲百合。品种有：激流、同事、恒星绯红色、麦兰露等。

图 5-3　亚洲百合

图 5-4　麝香百合

另外，还有由东方百合和喇叭百合杂交的O-T杂交百合、由麝香百合和东方百合杂交的L-O杂交百合、由东方百合和亚洲百合杂交的O-A杂交百合等类型。

【思考题】

　比较几种百合品系特点。

二、百合切花周年栽培模式

以浙江省为例，根据浙江省的自然条件结合保护地栽培，一年四季均可种植百合切花，但每个季节的气候和市场不尽相同，因此栽培时对栽培管理的技术、栽培设施、所取得的效益均有所不同。百合切花要赶在国庆前上市，就要求种球必须在7月份下种，而此时土壤温度相当高，这时使用箱植比较好，宜采用冷库生根，提高切花品质。

1. 春季种植

1—3 月份种植是最理想的季节，因为春季气候回暖，气温回升，是百合的自然生长期，不需要任何升温和降温设施，采花时间在 5—6 月份。此季节的种植技术要求不高，切花的品质也都较好，尽管消费量较多，但花价一般，市场竞争激烈。

2. 夏季种植

4—6 月份下种时的气候很适宜，但是采花时是 7—9 月份，是高温天气，这时百合质量很难控制，市场消费量也因高温而相对减少，效益不是很理想。

3. 秋季种植

7—9 月份是目前浙江百合下种的最佳时节，也是下种最多的季节，目标花期是国庆至春节的销售旺季。为了克服夏季高温，可在 7 月底和 8 月份气温开始回落时，前期全部采用冷库预生根技术，定植后采用强遮荫结合喷水来降低大棚内的温度，以有效解决前期种植时温度较高的难题。浙江省 7—8 月份下种的切花采收期应在国庆前后，而下半年的切花市场节日多，鲜花消费也随之增多，所以一般农户和没有升温设施的种植大户都会选择在这段时间进行种植。

4. 冬季种植

9 月以后种植百合种球，采花时间自元旦至春节，是市场用花的高峰，但在浙江，12 月份以后，晚上气温一般都会低于 10℃，生产上必须保证有很好的加温设施，百合植株不能受冻，这样才能保证切花的品质。一般在 11 月下旬开始保温，至 12 月下旬开始升温，但升温的成本很高。

【思考题】

百合周年栽培的理论依据和花期控制的根本途径是什么？

三、东方百合栽培技术

东方百合由于花大、色艳、浓香、品种丰富，因此市场占有率更高。下面以东方百合为例讲解切花百合的栽培管理。

（一）箱栽

1. 种球的消毒

将种球放入 0.1% 的多菌灵或克菌丹、百菌清等水溶液中浸泡 30 分钟。种球表面药液稍干后，进行种植。

2. 冷库生根（图 5-5）

采用泥炭箱栽来进行冷库生根，箱子底部铺薄薄一层泥炭，芽朝上紧密排列（防止搬运过程中种球歪倒）一层百合种球，种球上面覆盖泥炭（覆土时土不能太厚，以免芽出土时消耗的能量太多，致使以后生长时造成植株的生长不良）。浇透水后移入 12℃ 左右的冷库生根 2~3 周，待百合茎生根萌动即可移栽入温室。

3. 出库移栽（图 5-6）

（1）配置培养土　泥炭加珍珠岩（无氯），pH 值调整到 5.5~6.5。方法是 pH 值每上升 0.3 需每立方米施 1kg 碳酸钙。同时每立方米泥炭添加 0.5kg 硝酸钙和 1kg 氮磷钾肥料（12.5：15：27）。浇水至培养土湿润。

（2）种植　高温季节，选择早晨或傍晚下种。种植时先在百合箱里铺上 4cm 厚的基质，然后种入百合球。通常一箱种 9 个（3 × 3），然后盖上基质，浇透水。注意以下几点：

① 尽量选择芽高度一致的种球种于一箱中。

② 百合球必须种入箱子底部，越深越好（因为百合是茎生根，种浅了根系外露会影响吸收）。

③ 种好后必须浇透水分。

④ 百合种球的芽头必须保持直立状态。

图 5-5　冷库生根

图 5-6　出库移栽

4. 施肥（图 5-7）

种球种植后的 3 周内，不用肥料。3 周后，即可适当追肥。前期以氮肥为主，一般每 100m² 1kg 硝酸钙，后期适当增加磷钾肥的使用。

5. 温度管理

生长期的东方百合，最佳生长温度是 15~17℃，但在白天，温室内温度有时会上升到 25℃，也是可以接受的；若温度低于 15℃，则可能导致落蕾、黄叶和裂苞（图 5-8）。在高温季节，可采取以下措施来降低温度：外遮荫、通风、用低温的地下水灌溉。

图 5-7　箱栽百合施肥

图 5-8　百合裂苞

6. 水分管理

种植时的基质湿度以手握成团、落地松散为好。定植后再浇一次水，使土壤和种球充分接触，为茎生根的发育创造良好的条件。浇水以保持土壤湿润为标准，即手握一把土成团但挤不出水为宜，过多的水分将挤压土壤中氧气的存在，致使根系无法吸收到足够的氧气。浇水一般选在晴天上午。

相对湿度以 80%~85% 为宜，应避免相对湿度太大的波动，否则会抑制作物生长并造成一些敏感的栽培品种（如元帅等）发生叶烧。当相对湿度过大时，可开窗或开环流风机来减小相对湿度。

（二）地栽

1. 土壤准备

东方百合喜疏松、通透性良好的砂质壤土，pH 值 5.5~6.5，EC 值 1.5mS/cm。有条件的情况下，应该在种植前 6 周采取土壤样品，检测土壤的 pH 值和 EC 值，以便有充裕的时间来改良土壤，或者换地种植。提早进行土壤消毒。

提前 1 周整好土地，在高温季节种植时，应提前 1 周盖遮荫网，保持通风，提前 3 天用冷水浇灌土壤，以便能更好地降低地温。种植时，土壤温度尽可能接近 14~16℃，并且有足够的湿度。

2. 灌溉水

百合灌溉水的盐分含量（EC 值）应尽可能低，最好小于 0.5mS/cm，氯分含量最好低于 50mg/L。百合灌溉水的 pH 值最好能调整到 5.5~6.5 之间。

3. 肥料

种球种植后的 3 周内，全部依赖种球基生根系吸收水分、养分和氧气。这段时间也是百合茎生根生长的关键时期，一般不用肥料，以免盐分过高而导致茎生根发育不良（图 5-9）。3 周后，即可考虑进行适当追肥。前期以氮肥为主，一般每 100m^2 1kg 硝酸钙，后期适当增加磷钾肥的使用。若在生长期间因氮肥缺乏使植株不够强健，可在采收前 3 周喷施能够快速吸收的氮肥，比例为每 100m^2 1kg 氮肥。最好溶解成 500 倍液来浇，使用时间为上午，阴雨天不用。为防止叶烧，可在使用氮肥后用清水清洗。

图 5-9　百合施肥过量

鉴于各地土质不同，土壤中所含的微量元素有缺失，导致百合切花的质量不够理想，需要施用含有百合切花生长所需的各类元素的配方水溶性肥料。

百合对氯是非常敏感的，它会导致叶片变焦，含氯肥料（如过磷酸盐、磷酸盐、氯化钾等）不应使用。

4. 温度

东方百合生长期的温度主要有两个阶段。一个是生根期的低温，一个是生长期的适温。生根低温控制不好，根系长不好，则整个植株的生长势都会受影响。生长期的适当温度如果调控不好，过高或过低则切花品质会受影响，如裂苞、畸苞等（图 5-10）。

5. 张网（图 5-11）

种植后进行张网，以后随着植株的生长而抬升网的高度，以避免植株由于太高而倒伏。网格的长宽为 15cm×15cm，可根据实际情况调整。

图 5-10　百合低温冷害

图 5-11　张网

（三）采收及采后处理

1. 采收

当 10 个以上花蕾的植株有 3 个花蕾着色，5~10 个花蕾的植株有 2 个花蕾着色，5 个以下花蕾的植株有 1 个花蕾着色时，百合切花就可以采收了。过早采收影响花色，花会显得苍白难看，一些花蕾不能开放。过晚采收，会给采收后的处理与包装带来困难，花瓣被花粉弄脏，切花保鲜期大大缩短。

2. 分级

根据切花百合的分级标准，按照花蕾数、花蕾大小、茎的长度和坚硬度以及叶子与花蕾是否畸形来进行分级，每一级别分别放置。

3. 绑扎

分级完后，每一级别的切花整理成束，花朵或花蕾在同一端并要求整齐，10 支一束或 20 支一束。摘掉黄叶伤叶和茎基部 10cm 的叶子绑扎。

4. 储藏

成束后，直接把百合插在清洁水中。如温度较高，最好用预先冷却的温度在 2~3℃的水。等百合吸收了充分的水分时，可以干贮于冷藏室，但还是以储藏在清洁的水中为宜。而且储藏时间越短越好。

5. 包装

百合应包装在带孔的干燥的盒子中，以利于散热和乙烯的挥发。运输时保持 2~5℃的低温。

6. 保鲜

配制保鲜液：130mg/L 8-羟基喹啉柠檬酸盐 +0.463mg/L 硫代硫酸银 +1mg/L 赤霉素 +3% 蔗糖；将预处理完成后的切花花梗浸入保鲜液中处理 6~24 小时，插入花梗长度为 10~15cm；环境温度 10~15℃。避免干燥和吹风。相对湿度提高 70% 左右。

【思考题】

箱栽和地栽的区别体现在哪些方面？

🔖 **随堂练习**

随堂练习 35

🔖 **任务小结**

百合鲜切花的周年栽培，主要的调控途径是温度控制，需要冷库、温室、荫棚等设施，百合切花质量跟生长期的温度控制及肥料管理最为密切，需重点把握。

任务 3　切花非洲菊栽培技术

🔖 **主要内容**

一、非洲菊基本信息

非洲菊生产面积仅次于月季、香石竹、百合，是四大切花之一。

1. 非洲菊形态特征

菊科多年生草本，全株具细毛，株高 30~45cm，叶基生，叶柄长，叶片长圆状匙形，羽状浅裂或深裂。头状花序单生，高出叶面 20~40cm，花径 10~12cm，总苞盘状，钟形，舌状花瓣 1~2 轮或多轮呈重瓣状，花色有大红色、橙红色、淡红色、黄色等。温度合适四季有花，以春秋两季最盛。

2. 原产地及生态习性

原产于南非，随着国内温室技术的进步及国外新型温室技术的引进，在我国的栽培量也明显增加，华南、华东、华中等地区皆有栽培。喜冬暖夏凉、空气流通、阳光充足的环境，不耐寒，忌炎热。喜肥沃疏松、排水良好、富含腐殖质的沙质壤土，忌粘重土壤，宜微酸性土壤，生长最适 pH 为 6.0~7.0。生长适温 20~25℃，冬季适温 12~15℃，低于 10℃时则停止生长，属半耐寒性花卉，可忍受短期的 0℃低温。

3. 常见切花品种

非洲菊的品种可分为三个类别：窄花瓣型、宽花瓣型和重瓣型。目前尤以黑心品种深受人们喜爱。

二、切花非洲菊繁殖及田间管理

（一）繁殖

一般用组培，优质种苗标准为株高 10~15cm，5~6 片叶，根系发育良好，叶色鲜绿，无病虫为害。

（二）整地作高畦

1. 五畦双行（图 5-12）

6 米宽大棚做五畦，畦高 30~35cm，畦顶宽 60cm，沟宽 40~45cm，大棚两边各留 60~70cm 走道，每畦种两行。

2. 四畦三行（图 5-13）

6 米宽大棚做四畦，畦高 30~35cm，畦顶宽 85cm，沟宽 40~45cm，大棚两边各留 60~70cm 走道，每畦种三行。

图 5-12　五畦双行

图 5-13　四畦三行

（三）定植

1. 定植密度

每畦种两行，株距 30cm。

2. 定植技巧

定植前一天要将畦面浇透水，这一点非常重要。栽植时要"深穴浅栽"，即地下根系尽可能伸展，但要使根颈部位刚好露出土表，否则易造成烂心和根颈腐烂，定植太浅植株常因田间农事操作而发生折断，而且不利于前期发棵。定植后立即浇透定根水，5 月下旬定植因气温高，不必覆盖薄膜，定植后应及时盖遮荫率 70% 的遮阳网遮荫，有效缩短缓苗时间，促进植株生长。

3. 定植时间

浙江以 4—6 月份定植较好，这样可在 10 月份达到第一个开花高峰期，冬季能达到每株 3~4 个分枝的植株可在春节获得较高的产量。定植期在 4 月底前，当日最低气温低于 15℃时，应采用双层保温，因为非洲菊小苗定植期对低温比较敏感，气温低定植后发根慢，定植成活率低。5 月份气温最适宜定植，不必采用保温措施，定植成活率高。

（四）温度管理

一般白天温度控制在 22~26℃，夜温 20~22℃，开花期昼温以 22~28℃，夜温以 15~16℃为宜；若日平均温度低于 8℃，会使花蕾发育停止，而且长期低温会诱导植株休眠（图 5-14）；气温高于 35℃则生长停顿。进入 11 月后，外界气温急剧下降，大棚内最低气温降到 12℃时，及时采用双层保温，防止因低温引起植株休眠。一般白天大棚内气温可提高到 30~35℃，使切花产量在元旦、春节维持较高水平，春季日最低气温回升至15℃以上后不必保温。

尽量满足非洲菊苗期、生长期和开花期对温度的要求，以利正常生长和开花。除我国华南地区外均不能露地越冬，否则会引起休眠，需进行温室栽培，长江流域以外可用不加温的大棚栽培。在夏季，棚顶需覆盖遮荫网，并掀开大棚两侧塑料薄膜降温。冬季外界夜温接近0℃时，封紧塑料薄膜，棚内增盖塑料薄膜。遇晴暖天气，中午揭开大棚南端薄膜通风约一小时。

图5-14　长期低温引起休眠

（五）光照管理

一年生苗夏季要选用70%的遮阳网遮荫，9月初去除遮阳网，加强光照及通风，尽快形成秋季产花高峰。

二年生苗夏季不必遮荫，否则会因光照不足引起植株徒长，花蕾退化，降低切花产量。当10月中旬气温下降，引起夜间结露严重时，必须盖尼龙，否则会引发灰霉病。

非洲菊是喜光花卉，冬季需全光照，但夏季应注意适当遮荫，并加强通风，以降低温度，防止高温引起休眠。

（六）肥料管理

非洲菊是喜肥宿根花卉，对肥料需求大，施肥氮、磷、钾的比例为15：18：25。追肥时应特别注意补充钾肥。一般每亩施硝酸钾2.5kg，硝酸铵或磷酸铵1.2kg，春秋季每5~6天一次，冬夏季每10天一次。若高温或偏低温引起植株半休眠状态，则停止施肥。

苗期：等移栽的小苗恢复正常生长后，每隔1周用1000倍复合肥（NPK=5：3：2）浇一次，每2周用1000倍的磷酸二氢钾加1000倍的尿素喷施一次叶面。

成苗期：以氮磷钾复合肥15-8-25与高钾复合肥（12-5-42或12-2-44）或硝酸钾交替施埋于地表下5cm处，并配合1000倍的磷酸二氢钾10~15天喷一次。氮肥不宜过多，否则会引起徒长（图5-15），肥料合理则花量多，开花质量好（图5-16）。

图5-15　氮肥过多徒长

图5-16　施肥合理

（七）水分管理

定植后苗期应保持适当湿润并蹲苗，促进根系发育，迅速成苗。生长旺盛期应保持供水充足，夏季每 3~4 天浇一次，冬季约半个月一次（图 5-17），春季水分充足（图 5-18）。花期灌水要注意不要使叶丛中心沾水，防止花芽腐烂。露地栽培要注意防涝。另外，灌水时可结合施肥。

图 5-17　冬季适当控水

图 5-18　春季水分充足

整个生长期以土表湿润为原则，浇水原则是"不干不浇，浇则浇透"，水分太足易诱发根茎腐病。

（八）摘叶和疏蕾

非洲菊整个生育期需要不断地摘叶及疏蕾，及时摘除老叶、病叶和过密叶，改善通风透光条件，调整植株长势，减少病虫害发生。冬季因叶片生长慢，可减少摘叶量，以剥去老病叶为主，一般开花植株单株保留 20 展开叶为宜。幼苗进入初花期，对未达到 5 个以上较大功能叶片的植株，要及时摘除花蕾，促进形成较大营养体，为丰产优质打好基础。非洲菊 6 月下旬切花产量会明显下降，为减少产量下降幅度，必须在 5 月下旬开始剥去过多的叶片。夏季叶片生长快，定期剥老叶，可促进新芽发育，否则叶层过于郁闭，影响基部光照，不利于花蕾的形成（图 5-19）。

图 5-19　叶片过旺

（九）通风换气

大棚内温度高于 30℃时，应加强通风换气，通风时不宜一下子通大风，否则会引起大棚内气温急骤下降。遇连续低温阴雨天，仍应适当通风换气，降低棚内空气湿度，提高植株抗病能力；阴雨天如连续闷棚，易引起花瓣发生大量斑点，使灰霉病暴发，引发植株基部腐烂；外界气温低时可采用单边通风，并缩短通风时间，维持大棚内较高温度。

【思考题】

非洲菊定植时有哪些注意事项？

三、采收及采后处理

（一）采收

早采的花朵瓶插寿命会缩短。当非洲菊花朵一轮或两轮雄蕊吐出花粉时，才能采花，过早采花将使瓶插寿命缩短。采花时要摘下整个花梗而不能做切割，因为切割后留下的部分会腐烂并传染到敏感的根部，还会抑制新花芽的萌发。采下的花整理后，将花梗底部切去 2~4cm，切割时要斜切，这样可以避免木质部导管被挤压。

（二）采后处理

1. 采后预处理

切花采收后，要立即将花梗浸入水桶中，并运送到凉爽的地方。所用的水和水桶要很干净，每次使用之前都要清洗消毒，以防细菌滋生，因为细菌会堵塞导管而使花朵不能吸水。预处理过程中，水的 pH 要用氯化物（漂白粉）调整为 3.5~4.0。过高的 pH 值将为细菌创造一个理想的生活条件。漂白粉既能降低水的 pH 值，又能杀菌，其中的氯化钙还能起到延长切花寿命的作用。研究表明漂白粉的加入量以 50~100mg/L 为宜，处理时间不能超过 4 个小时。处理时间过长会使花梗损伤，表现为花梗出现褐色的斑纹或颜色被漂白。作长时间处理时，漂白粉的浓度要降低，最高为 25mg/L，最低为 3mg/L。低于 3mg/L 时，应补充漂白粉。处理地点不能有阳光照射，否则将使漂白粉的有用成分发生分解而失效。

2. 保鲜液处理

预处理完成后，将花梗浸入保鲜液中处理 6~24 小时。处理过程中，较多的花梗浸入水中有利于花朵吸水，其长度以 10~15cm 为理想；环境温度过高会使花朵因为蒸腾作用而失去过多的水分，以 10~15℃ 为理想。水分的丧失会引起非洲菊花朵的衰老，因此在整个采后处理过程中都要避免干燥和吹风。最好将环境的相对湿度提高到 70%。此外，在保鲜液处理过程中，要注意防止切花受到乙烯的危害，乙烯是一种衰老激素，会缩短非洲菊的瓶插寿命。卡车发动机排出的废气中含有乙烯，因此在装货的过程中，要把卡车的引擎关掉。非洲菊的保鲜液由以下成分组成：75mg/L 蔗糖，3g/L 柠檬酸，150mg/L 含七个结晶水的磷酸氢二钾。蔗糖为非洲菊继续开花提供能量，还能促进花朵吸水。柠檬酸使保鲜液的 pH 值降低，从而阻止细菌的滋生。磷酸氢二钾是钾营养强化剂。

瓶插寿命是切花商品价值最主要的组成部分之一。采后处理对于非洲菊的瓶插寿命非常重要，不经过采后处理的非洲菊切花流入市场后，最终难以让消费者满意，反过来将会降低非洲菊的消费量。

【思考题】

非洲菊的采收技巧有哪些？

✋ **随堂练习**

随堂练习 36

✋ **任务小结**

切花非洲菊周年栽培的重点是温度管理。田间管理注意浇水、剥叶、疏蕾、施肥、保温等措施。

【项目小结】

鲜切花栽培是一个综合性很强的项目，涉及品种选择、田间管理、采收及采后处理等多环节；另外由于是周年栽培，因此对设施的要求、技术的把握相对也比较高，因此必须严把每一道质量关，才能最终收获高品质鲜切花。

讨论题

鲜切花栽培产业在部分省份和地区已经成为当地农业农村经济发展的支柱性产业，在推进乡村振兴中发挥着重要作用。请谈谈鲜切花周年栽培对科技和设施设备的要求。

参 考 文 献

［1］常美花. 花卉育苗技术手册［M］. 北京：化学工业出版社，2019.

［2］柏玉平，王朝霞，刘晓欣. 花卉栽培技术［M］. 2版. 北京：化学工业出版社，2019.

［3］花园实验室，新锐园艺工作室. 欧月初学者手册［M］. 北京：中国农业出版社，2019.

［4］江胜德. 花园植物大图典［M］. 北京：中国林业出版社，2022.

［5］韩世栋，黄晓梅，徐小芳. 设施园艺［M］. 北京：中国农业大学出版社，2011.

［6］张俊叶. 花卉栽培技术［M］. 北京：中国轻工业出版社，2020.

［7］张楠，谢玉华，李兴霞. 几种无机盐对非洲菊切花保鲜的影响［J］. 成都工业学院学报，2013（2）：8.

［8］石乐娟，吴青青，郑思乡. 切花非洲菊高产优质设施栽培技术［J］. 耕作与栽培，2013（1）：2.

［9］孙景梅. 课程思政和劳动教育协同育人在课程改革中的实践探索——以花卉生产技术课程为例［J］. 三门峡职业技术学院学报，2021（01）：39-43.

［10］杜锦华，王晓霞. 高职花卉生产技术课程思政教学改革与实践［J］. 延安职业技术学院学报，2021（5）：40-42.

［11］杜明芸，刘富强，耿翠萍. 水培花卉的生物驯化试验研究［J］. 山东林业科技，2008（1）：25-27.

［12］周艳，刘锴栋，莫雨杏. 园艺植物栽培学教学融入课程思政教育改革初探［J］. 现代园艺，2022（07）：170-174.

［13］赵张建，曹群阳，张超，等. 蝴蝶兰山区种植越夏节能效果分析［J］. 农业科技通讯，2014（05）：21-22.

［14］姜云天，闫中雪，袁浩，等. 波斯菊种子萌发期的耐盐性评价［J］. 农业技术与装备，2014（18）：15-16.

［15］代建丽，许梦婷. 玫瑰切花保鲜剂配方研究［J］. 亚热带植物科学，2011（02）：17-19.

［16］闫海霞，卢家仕，黄昌艳，等. 萘乙酸和吲哚丁酸对月季扦插成活率的影响［J］. 南方农业学报，2013（11）：34-37.

高等职业教育园林园艺类专业系列教材

花卉栽培技术实训手册

活页式

U0243361

主　编　张金炜　张椿芳

副主编　何月秋

参　编　姜自红　吕乐燕

机械工业出版社

目录 CONTENTS

实训 1　花卉的分类识别与应用调查 / 1

实训 2　参观生产性温室 / 4

实训 3　播种育苗 / 6

实训 4　撒播苗移植 / 8

实训 5　穴盘苗的上盆及管理 / 9

实训 6　郁金香盆花种植 / 11

实训 7　上盆、换盆、翻盆 / 13

实训 8　扦插繁殖 / 14

实训 9　蟹形水仙的雕刻与水养 / 16

实训 10　风信子水培 / 18

实 训 指 导

实训 1　花卉的分类识别与应用调查

一、目的

1. 掌握花卉分类的基本知识。
2. 通过实地调查和观察，掌握各类花卉的观赏特点和应用方式。

二、工具和材料

具有拍照功能的手机或相机。

三、地点

当地各大广场、公园、花鸟市场或温室。

四、步骤及要求

1. 露地花卉识别

（1）巩固知识　复习露地花卉的分类知识，预习各论中的各种露地花卉的形态特征，抓住识别关键点。

露地花卉大体可分为如下几类。

1）一年生花卉：即在一年内完成从播种到开花、结实、枯死的生命周期。常见种类有翠菊、鸡冠花、一串红、万寿菊、凤仙花、百日草、波斯菊、半支莲、麦秆菊等。

2）二年生花卉：即生命周期在两年内完成的花卉。一般当年秋季播种，次年春夏开花。常见种类有羽衣甘蓝、虞美人、中华石竹、紫罗兰、桂竹香等。

3）宿根花卉：地下部分形态正常的多年生花卉。常见种类有菊花、芍药、鸢尾、耧斗菜属、石竹属、铁线莲属、蜀葵等。

4）球根花卉：地下部分变态肥大的花卉。常见种类有大丽花、美人蕉、唐菖蒲、水仙、郁金香、风信子、百合、晚香玉、石蒜属等。

5）水生花卉：即在水中或沼泽地中生长的花卉。如荷花、睡莲、凤眼莲、千屈菜、王莲、水葱、香蒲、萍蓬莲等。

6）岩生花卉：即耐旱性强，适应在岩石园的石缝间栽培的花卉。如大花岩芥菜、山庭荠、矮点地梅、洋牡丹等。

7）木本花卉：如月季、蜡梅、丁香、紫薇、桂花、紫荆等。

（2）露地花卉识别　到当地广场游园、公园、园林绿化地带实地识别露地花卉。在条件许可时，可将比较陌生的花卉种类剪取枝叶花朵等，拿到室内再作判断和进一步的识别，以加深印象。

2. 温室花卉识别

（1）巩固理论知识　复习温室花卉的分类知识，并通过各论了解各种温室花卉的形态特征。温室花卉通常分为以下几类。

1）一、二年生花卉：常见种类有瓜叶菊、彩叶草、蒲包花、报春花等。

2）宿根花卉：如君子兰属、非洲菊、鹤望兰、四季秋海棠、虎尾兰属、花烛属、吊兰属、花叶万年青、吊竹梅等。

3）球根花卉：如仙客来、大岩桐、球根秋海棠、马蹄莲、朱顶红、小苍兰、文殊兰等。

4）亚灌木花卉：如香石竹、倒挂金钟、天竺葵、文竹、木茼蒿属等。

5）木本花卉：如一品红、木槿属、变叶木、八仙花、叶子花、山茶属、朱蕉属、龙血树属、榕属等。

6）兰科花卉：如春兰、蕙兰、建兰、墨兰、卡特兰、兜兰、石斛等。

7）蕨类植物：如肾蕨、铁线蕨等。

8）仙人掌及多浆植物：如金琥、仙人球、仙人掌、仙人指、令箭荷花、量天尺、昙花、生石花、芦荟、龙舌兰等。

（2）温室花卉识别　到校园花房、市区花卉市场进行盆花识别。记录花卉种类及主要特征。

3. 统计调查

调查内容包括草本花卉在园林中的应用方式、用花种类、花卉配置，花卉色彩、株形、株高等的搭配方法等，具体分为以下几类。

1）一、二年生及多年生草本花卉在园林中的应用：主要应用于花坛、花境、花台、花丛及花群等。观察这些应用形式的构图，用花种类、数量及色彩的搭配，以及用花的位置、效果等。

2）岩生花卉的应用：主要在岩缝石隙间，调查统计哪些花卉常用作岩生花卉，以及岩生花卉的应用位置、方式及应用效果等。

3）水生花卉的应用：主要应用于水体，少数应用于沼泽类湿地。调查园林中常用的水生花卉的种类、应用方式、方法等。

五、分析与总结

1. 根据花卉栽培习性的不同，可将其分为露地花卉和温室花卉两大类。其中露地花卉又分为一年生花卉、二年生花卉、宿根花卉、球根花卉、水生花卉、岩生花卉、木本花卉几类；温室花卉分为一、二年生花卉，宿根花卉，球根花卉，亚灌木花卉，木本花卉，兰科花卉，仙人掌及多浆植物，蕨类植物等。

2. 花卉的分类识别与应用，应结合多媒体和实际植物实地考察进行，需要反复接触以加深记忆。花卉的识别单凭课堂有限的时间是不够的，应注意平时学习积累。

3. 在园林中，不同的花卉有不同的应用特点。本次实训的目的在于让学生了解和熟悉不同花卉的应用，为今后的学习所用。园林中常见的花卉有两大类，即草本花卉和木本花卉，而草本花卉又有一、二年生花卉，多年生花卉，岩生花卉，水生花卉，草坪草及地被植物等。此次实训调查中，应根据不同类型的花卉进行统计，以掌握应用。

4. 此次实训以实地调查和观察形式进行，只有在调查中采用有效的方法才可获得较好的结果。

【评分标准】

花卉识别和特点评价表见表1。

表 1　花卉识别和特点评价表

考核内容要求	考核标准（合格等级）
1. 能识别当地园林常用花卉 2. 能掌握花卉的观赏特点、栽培应用方式等	1. 对当天调查的花卉种类识别记录达到 90% 以上，并能认真完成调查表格，填写内容 90% 以上正确无误。考核等级为 A 2. 对当天调查的花卉种类识别记录达到 80% 以上、90% 以下，并能认真完成调查表格，填写内容 80% 以上、90% 以下正确无误。考核等级为 B 3. 对当天调查的花卉种类识别记录达到 60% 以上、80% 以下，能比较认真完成调查表格，填写内容 60% 以上、80% 以下正确无误。考核等级为 C 4. 对当天调查的花卉种类识别记录 60% 以下，不能认真完成调查表格，填写内容正确率 60% 以下。考核等级为 D

实训 2 参观生产性温室

一、目的

1. 了解生产性温室的构造、类型及设施设备。
2. 了解温室环境的调控措施。

二、工具和材料

相机（或具有拍照功能的手机）、笔记本、笔、卷尺等。

三、地点

当地较大专业花卉生产企业。

四、步骤

参观访问花卉生产企业，并请有实践经验的技术人员现场讲解介绍。完成调查统计表，并提出改进建议（表 2）。

表 2 温室调查统计表

温室类型		地区		主要生产品种	生产规模
设施种类	名称	规格	操作方法		使用季节　　月至　　月
保温设施					
加温设施					
降温设施					
调光设施					
加湿设施					
除湿设施					
灌溉设备					

五、分析与总结

1. 设施配置方面的建议：从价格、当地使用效率、使用成本等方面分析所看到的设施设备配置的必要性、合理性等。
2. 操作方法方面的建议：对设施设备的操作复杂性、难度等进行分析。

【评分标准】

参观生产性温室评价表见表 3。

表 3 参观生产性温室评价表

考核内容要求	考核标准（合格等级）
1. 能说出温室配备设备的名称 2. 能掌握温室配备设备的规格、操作方法 3. 掌握使用温室配备设备的场合与方法	1. 能准确说出设备名称、规格、操作方法以及正确使用该设备，并能认真完成调查表格，填写内容 90% 以上正确无误。考核等级为 A 2. 能比较准确说出设备名称、规格、操作方法以及基本正确使用该设备，并能认真完成调查表格，填写内容 80% 以上、90% 以下正确无误。考核等级为 B 3. 能比较准确说出设备名称、规格、操作方法以及基本正确使用该设备，并能比较认真完成调查表格，填写内容 60% 以上、80% 以下正确无误。考核等级为 C 4. 基本不能准确说出设备名称、规格、操作方法以及基本不能正确使用该设备，不能认真完成调查表格，填写内容正确率 60% 以下。考核等级为 D

实训 3　播种育苗

一、目的

1. 学会穴盘育苗。
2. 掌握撒播育苗。

二、设施、工具和材料

生产大棚、浅水槽、花卉种子、遮阳网、泥炭、珍珠岩、蛭石、细河砂、50% 甲基托布津可湿性粉剂、穴盘、托盘、大铁锹、小铁锹等。

三、地点

生产性大棚或温室内。

四、步骤及要求

1. 拌介质

泥炭：珍珠岩：蛭石 =6：2：2，甲基托布津与介质以 1：100 的比例混合。浇水至手握介质成团，手松开散开。

2. 装介质

将充分拌匀并浇好水的介质用小铁锹铲入穴盘和托盘。注意不要用手或铲子去压平介质面，而是轻轻抖动使表面平整即可。

3. 播种

（1）穴盘点播　分组在每个穴盘孔穴里点一颗，注意尽量把种子点于孔穴的中央位置，并且每个孔穴只点一颗，以防止浪费种子以及一个孔穴发多个幼苗影响生长。

（2）托盘撒播　分组把种子与河砂按 1：10 的比例拌匀，然后均匀地撒播于托盘内。

4. 覆盖

大粒种子用珍珠岩覆盖，小粒种子用细砂土覆盖，根据种子大小，覆盖要均匀，厚薄适当。

5. 浸水

将处理好的穴盘和托盘置于浅水槽，浸湿介质，避免浇水冲掉种子或使得介质板结，不利发芽。

6. 覆盖

用遮阳网覆盖保湿。

7. 经常检查出苗情况

出苗 50% 后可逐渐去除覆盖物，进入正常管理。

五、分析与总结

1. 播种繁殖是花卉繁殖的常用方法，它利用花卉种子获得所需的植株，操作简单，易于掌握分寸，但在育苗期需认真、精细，大多数一、二年生花卉采用该繁殖方式。

2. 花卉种子发芽及幼苗生长需要平整、细碎、肥沃的介质，所以播种面需平整，介质需打得尽量细碎。

3. 播种育苗方法比较简单，但播种需做到均匀，深浅一致，有利发芽。苗期应注意精细管理。

【评分标准】

花卉的播种育苗评价表见表4。

表4　花卉的播种育苗评价表

考核内容要求	考核标准（合格等级）
1. 能正确配制基质（泥炭、珍珠岩、蛭石比例合适），并能正确添加杀菌剂消毒基质 2. 能利用托盘撒播育苗 3. 能熟练地将撒播苗移植到200穴的穴盘进行进一步的培育，并保证较高的成活率 4. 能获得高成活率、高品质的穴盘苗	1. 小组成员参与率高，团队合作意识强，服从组长安排，任务完成及时；配制基质过程、托盘撒播、移植穴盘等操作方法正确；能进行正确的幼苗管理，发芽率90%以上。考核等级为A 2. 小组成员参与率较高，团队合作意识较强，比较服从组长安排，任务完成及时；配制基质过程、托盘撒播、移植穴盘等操作方法基本正确；能进行较为正确的幼苗管理，发芽率80%以上、90%以下。考核等级为B 3. 小组成员参与率一般，团队合作意识还有待加强，有少数不服从组长安排，任务完成及时；配制基质过程、托盘撒播、移植穴盘等操作方法基本正确；基本能进行正确的幼苗管理，发芽率60%以上、80%以下。考核等级为C 4. 小组成员参与率不高，团队合作意识不强，基本不服从组长安排，任务完成不及时；配制基质过程、托盘撒播、移植穴盘等操作方法有错误；不能进行正确、认真的幼苗管理，发芽率60%以下。考核等级为D

实训 4　撒播苗移植

一、目的

掌握撒播苗的移植技术。

二、设施、工具及材料

生产大棚、托盘撒播苗、喷壶、泥炭、珍珠岩、蛭石、50%甲基托布津可湿性粉剂、穴盘、大铁锹、小铁锹等。

三、地点

生产大棚内。

四、步骤及要求

1. 拌介质

泥炭：珍珠岩：蛭石＝6：2：2，50%甲基托布津可湿性粉剂，浇水至手握介质成团，手松开散开。

2. 装介质

将充分拌匀并浇好水的介质用小铁锹铲入穴盘。注意不要用手或铲子去压平介质面，而是轻轻抖动使表面平整即可。

3. 移苗

将撒播幼苗小心地用起苗器轻轻挖出，尽量不要弄伤根系，移入穴盘内。经过穴盘内进一步生长便于下次上盆，并且为幼苗的生长提供更好的生长空间。

4. 喷水

用喷壶喷透水。

5. 缓苗

置于遮阳网下缓苗。

五、分析与总结

移苗技术要求不高，劳动强度也不大，但是需要耐心和细心，需要反复操作，熟练掌握。本项操作的重点不是掌握如何进行，而是知道为什么生产上需要这项操作，以及它对后期管理和销售的重要意义。

【评分标准】

穴盘拼盘补苗及撒播苗评价表见表5。

表 5　穴盘拼盘补苗及撒播苗评价表

考核内容要求	考核标准（合格等级）
能熟练地将撒播苗移植到穴盘进行进一步的培育，并保证较高的成活率	1. 小组成员参与率高，团队合作意识强，服从组长安排，任务完成及时；移苗的成活率在90%以上。考核等级为A 2. 小组成员参与率较高，团队合作意识较强，比较服从组长安排，任务完成及时；移苗的成活率在80%以上、90%以下。考核等级为B 3. 小组成员参与率一般，团队合作意识还有待加强，有少数不服从组长安排，移苗的成活率在60%以上、80%以下。考核等级为C 4. 小组成员参与率不高，团队合作意识不强，基本不服从组长安排，任务完成不及时；移苗的成活率60%以下。考核等级为D

实训 5　穴盘苗的上盆及管理

一、目的

1. 学习和掌握花坛花卉的上盆操作。

2. 掌握花卉上盆后的光、温、水、肥、药、植株调整等日常管理措施。

二、设施、工具及材料

生产大棚，遮阳网，泥炭，珍珠岩，花多多 1 号、2 号和 10 号肥，缓释肥，营养钵，穴盘苗，小铁锹，50% 甲基托布津可湿性粉剂等。

三、地点

生产性大棚。

四、步骤及要求

1. 配介质

泥炭：珍珠岩 = 7：3，$1m^3$ 介质加入缓释肥 4kg。

2. 装介质

用铁锹将介质装入营养钵，注意装到排水线即可，并轻轻抖动使介质面平整，不可坑坑洼洼，否则容易造成积水烂苗。

3. 上盆

将穴盘苗移入营养钵中，起苗时用手轻捏穴盘，尽量使得土球完整。

4. 浇水

根据需要，及时对植株浇水。

5. 施肥

根据花卉种类及植株生长状况，在需肥时进行追肥。注意追肥的种类和浓度的变化。前期一般追花多多生长肥，后期追催花肥，浓度在开始幼苗时为 1200 倍，后期为 700~800 倍。

6. 修剪整形

根据花卉种类、生长时期及生长状况，及时对植株进行摘心、抹芽、剥蕾、疏花等处理，使植株健壮，株形饱满。

7. 防治病虫害

及时对植株进行喷药以防病害和虫害。

五、分析与总结

1. 幼苗的管理过程是变化的、反复的，需要细心观察，灵活掌握各项栽培措施。浇水、中耕除草、施肥、修剪定形、防治病虫害等多个栽培管理措施，都必须与天气情况和植株的生长情况联系起来进行。

2. 花卉作为一个生命个体，其生长是一个连续的过程，其管理也是一个连续的过程。上述的各个步骤并不是集中在两个课时或四个课时进行的，而是根据天气情况和植株生长情况随时进行。

【评分标准】

穴盘苗的上盆及管理评价表见表6。

表6　穴盘苗的上盆及管理评价表

考核项目	考核内容要求	考核标准（合格等级）
上盆	1. 能正确配制基质（泥炭、珍珠岩比例合适并正确添加杀菌剂消毒基质） 2. 能正确完成穴盘苗的上盆操作 3. 能进行上盆后前期的养护以保证较高的成活率	1. 小组成员参与率高，团队合作意识强，服从组长安排，任务完成及时；配制基质过程与上盆操作方法正确；能进行正确的上盆前期管理以保证上盆成活率90%以上。考核等级为A 2. 小组成员参与率较高，团队合作意识较强，比较服从组长安排，任务完成及时；配制基质过程与上盆操作方法较正确；能进行较正确的上盆前期管理以保证上盆成活率80%以上、90%以下。考核等级为B 3. 小组成员参与率一般，团队合作意识还有待加强，有少数不服从组长安排，任务完成及时；配制基质过程与上盆操作方法有少量错误；上盆前期管理不够认真造成上盆成活率只有60%以上、80%以下。考核等级为C 4. 小组成员参与率不高，团队合作意识不强，基本不服从组长安排，任务完成不及时；配制基质过程与上盆操作方法不正确；不能进行正确的上盆前期管理，上盆成活率60%以下。考核等级为D
管理	1. 能根据生产目标（盆花数量、需花时间）制订完整的生产计划方案 2. 能进行正常的水肥管理（掌握正确的浇水方法，能根据植株长势选择肥料种类和浓度） 3. 能定期打药进行病虫害防治 4. 能选择正确的方式保护盆花安全越夏 5. 能及时利用塑料膜、遮阳网对盆花进行遮光降温和给予充足的光照条件，以保证盆花开花质量	1. 小组成员参与率高，团队合作意识强，服从组长安排，任务完成及时；盆花长势健壮、无病虫害、株形好、开花质量好、成苗率（开花植株／当初上盆后成活植株）达到90%以上。考核等级为A 2. 小组成员参与率高，团队合作意识较强，比较服从组长安排，任务完成及时；盆花长势较健壮、少病虫害、株形较好、开花质量较好、成苗率（开花植株／当初上盆后成活植株）达到80%以上、90%以下。考核等级为B 3. 小组成员参与率一般，团队合作意识还有待加强，有少数不服从组长安排，任务完成及时；盆花长势较弱、病虫害较为严重、株形散乱、开花质量一般、成苗率（开花植株／当初上盆后成活植株）达到60%以上、80%以下。考核等级为C 4. 小组成员参与率不高，团队合作意识不强，基本不服从组长安排，任务完成不及时；盆花长势衰弱、病虫害严重、株形散乱、开花质量不好、成苗率（开花植株／当初上盆后成活植株）60%以下。考核等级为D

实训 6 郁金香盆花种植

一、目的

学习和掌握郁金香的盆花种植技术。

二、设施、工具及材料

生产大棚、郁金香种球、规格为 140mm 的花盆、介质（进口苔藓泥炭 60%、蛭石 30%、珍珠岩 10%）、河砂、50% 多菌灵可湿性粉剂、铁锹、小铲等。

三、地点

生产大棚。

四、步骤及要求

1. 介质的配制

按照既定的配比准备好材料。泥炭是压缩包，刚打开包时检查包内是否有变质迹象，并添加土壤杀菌剂（每包泥炭加 40% 五氯硝基苯可湿性粉剂 80g）。需先破碎泥炭，碎好后摊平，松鳞沿泥炭堆上方环绕撒出，珍珠岩也是如此操作，并放缓释肥 $2kg/m^3$。适当洒水，水沿介质画圈；拌介质时一边洒水，水往翻入的干介质上浇去，将介质由一边拌向另一边空地（无须离原介质太远），水顺着铲来回浇。介质润湿即可，以捏一把在手上无滴出水来且手松抖动即散为好。介质来回需要拌 3 次以上方可搅拌均匀。

2. 剥皮

剥去种球根盘周围的褐色表皮，以利长根。

3. 种球消毒

将剥去根盘周围褐色表皮的种球浸在下列药液中 15 分钟：0.2% 多菌灵 800~1000 倍液。

4. 种植

先向花盆填入 3~4cm 高的介质，然后将种球放入盆内，一盆放 3 个球，放置位置均衡，芽朝向盆壁。

5. 覆盖

填上介质至花盆储水线处。

6. 浇透水

浇水至盆地排水孔有水滴出来。

7. 再次覆盖

郁金香根系是向下生长，生长过程中对种球产生较多向上顶的力量。为免种球被顶出介质，需向浇透水的介质表面再覆盖上一层河砂至排水线（介质经过浇水后会向下沉，因此之前到排水线的介质进过浇水后会降到排水线下）。

8. 再次浇透水

再次对介质浇水浇透。

五、分析与总结

1. 郁金香作为受大众欢迎的一种花卉，尤其是针对春节市场的盆栽品种，其早期催根处理和后期升温处理对郁金香盆花栽培影响最为关键。因此种植后尤其要注意这两方面的管理。

2. 郁金香的栽培管理技术包括介质的配制与消毒、施肥、浇水、防治病虫害等多个管理措施，每一管理措施可以作为一项专门操作技能加以掌握，而将其连贯起来灵活运用便是花卉栽培管理的整个过程。

【评分标准】

郁金香盆花种植评价表见表 7。

表 7 郁金香盆花种植评价表

考核内容要求	考核标准（合格等级）
1. 能根据生产目标（盆花数量、需花时间）制订完整的生产计划方案 2. 能正确下种（介质配制、种球处理） 3. 能进行正常的水肥管理（掌握正确的浇水方法，能根据植株长势选择肥料种类和浓度）	1. 小组成员参与率高，团队合作意识强，服从组长安排，任务完成及时；种球根系生长完美、盆花长势健壮、无病虫害、能在预期时间开花并且质量好。考核等级为 A 2. 小组成员参与率较高，团队合作意识较强，比较服从组长安排，任务完成及时；种球根系生长较好、盆花长势较健壮、少病虫害、基本能在预期时间开花并且质量较好。考核等级为 B 3. 小组成员参与率一般，团队合作意识还有待加强，有少数不服从组长安排，任务完成及时；种球根系生长一般、盆花长势较弱、病虫害较为严重、不能在预期时间开花并且质量一般。考核等级为 C 4. 小组成员参与率不高，团队合作意识不强，基本不服从组长安排，任务完成不及时；种球根系生长不好、盆花长势衰弱、病虫害严重、不能在预期时间开花并且质量不好。考核等级为 D

实训 7　上盆、换盆、翻盆

一、目的

学习和掌握室内盆栽花卉的上盆、换盆、翻盆等操作技术。

二、设施、工具及材料

生产大棚、盆花、花盆（直径分别为 15cm、20cm、25cm）、发酵松鳞、泥炭、珍珠岩、缓释肥、70% 甲基托布津粉剂、铁锹等。

三、地点

生产大棚。

四、步骤及要求

1. 介质准备

根据具体盆花要求按比例混合上述基质，并加入适量缓释肥和 70% 甲基托布津粉剂。

2. 上盆

瓦片覆盖排水孔，垫碎石作为排水层，然后加入介质至适当高度，放入盆花幼苗，尽量使根系舒展，继续加入介质至距离盆口 1~2cm 处。压实根部，土面抖动平整即可浇透水，置于阴凉通风处缓苗。

3. 换盆

为满足花卉生长发育的需要，将幼苗先脱盆，再用其他花盆进行上盆。注意换入大小适中的盆，不可换入过大的盆，以免造成管理不便。

4. 翻盆

脱盆、修根、消毒、上盆、浇透水。

五、分析与总结

选择合理大小的花盆、配制适合花卉生长的基质是操作的关键。

【评分标准】

室内盆花栽植管理评价表见表 8。

表 8　室内盆花栽植管理评价表

考核内容要求	考核标准（合格等级）
1. 能正确操作上盆 2. 能正确操作换盆 3. 能正确操作翻盆	1. 小组成员参与率高，任务完成及时；盆花种植位置正、操作技法正确熟练。考核等级为 A 2. 小组成员参与率较高，任务完成比较及时；盆花种植位置比较正确、操作技法比较正确熟练。考核等级为 B 3. 小组成员参与率一般，不能及时完成任务；盆花种植位置有少许歪斜、操作技法不够正确熟练。考核等级为 C 4. 小组成员参与率不高，任务完成不及时；盆花种植位置歪斜、操作技法错误。考核等级为 D

实训 8 扦插繁殖

一、目的

1. 掌握扦插方法。
2. 掌握插后管理技术。

二、设施、工具及材料

生产大棚、210 吊盆（上外口径 21cm、内口径 19cm、高 15cm）、介质（进口苔藓泥炭 60%、蛭石 30%、珍珠岩 10%）、绿萝或常春藤母本、剪刀、喷壶等。

三、地点

生产性大棚。

四、步骤及要求

1. 介质的配制

按照既定的配比准备好材料。泥炭：珍珠岩：蛭石 =6：3：1，拌介质时先进行破碎泥炭，碎好后摊平，珍珠岩和蛭石沿泥炭堆上方环绕撒出，并适当洒水，水沿介质画圈；拌介质时一边洒水，水往翻入的干介质上浇去，将介质由一边拌向另一边空地（无须离原介质太远），水顺着铲来回浇。介质润湿即可，以捏一把在手上无滴出水来且手松抖动即散为好。介质来回需要拌 3 次以上方可搅拌均匀。

2. 上盆

介质装至离上口径 1~1.2cm 处，装得不平整时不可用手将其压平，只需手持盆口轻轻抖动将介质抖平即可。

3. 摆放和浇水

将装好介质的盆子摆放至场地，摆好后浇水。

4. 剪取插条

扦插枝条，选择生长良好无病害的一年生枝条沿盆口剪下，采集的枝条存放要求不超过 2 小时，防止枝条失水。采后先洒水在枝条上，或者直接在洁净的水里捞一下；如果枝条脏了就要先洗净。如果剪取的母本枝条过多，就需要喷水保湿，置于阴凉处。每天每人的采穗量保证当天能够全部插完。

5. 扦插

扦插时，一插一剪、插一节剪一节，即拿整根枝条插下去一节。节间上方留取适当长度（2~10mm）剪下，节间接触介质，插入介质的节下部分不用太长，约 10~20mm 即可，操作时一插一剪，扦插速度加快。210 吊盆 30 个插穗 / 盆。扦插完后要及时喷雾，以保证苗的湿度。统计扦插数量和时间，以及当时的温度、湿度情况。

6. 浇水及覆盖

插后立即浇透水，并对叶面喷水。盆口用塑料薄膜覆盖，盆周围用绳扎紧。

7. 管理

将盆放在阴凉、稍有阳光处。每日揭开塑料膜，用喷壶在叶面上喷水 1~2 次。喷后仍将薄膜覆盖并扎紧，以保持盆内的湿度。

8. 生根

7~10 天左右即可生根。生根后应去掉薄膜，使插条逐渐见光。

9. 修剪

枝条长出盆口 10cm 左右时修剪一次，修剪可促进枝芽萌发形成紧凑性。增加垂挂枝条数量，在扦插成活后，枝条生长长度超过 10cm 时，应作垂挂处理。

五、分析与总结

1. 扦插繁殖是花卉常用的系列方法之一。根据扦插材料、扦插时期和方法的不同，扦插繁殖可分为叶插（片叶插和全叶插）、茎插（芽叶插、软枝扦插、半软枝扦插、硬枝扦插）、根插三大类，每一种扦插方式和扦插特点不同，在学习中应认真比较，加以区别和熟练掌握。

2. 本实训针对常见的盆栽观叶植物——绿萝或者常春藤进行盆插繁殖，应根据绿萝的特点采取相应的扦插方法，并在实训结束时统计成活率。

3. 该实训方法简单，但必须反复练习，才可熟练掌握。

【评分标准】

扦插繁殖评价表见表 9。

表 9 扦插繁殖评价表

考核内容要求	考核标准（合格等级）
1. 能正确配制扦插基质（泥炭、珍珠岩、蛭石比例合适），并能正确添加杀菌剂消毒基质 2. 能熟练进行吊盆绿萝的一次性扦插成盆	1. 配制基质过程、扦插等操作方法正确；扦插过程中叶片分布均匀、插穗数量正确并能进行精心的插后管理，插穗成活率 90% 以上。考核等级为 A 2. 配制基质过程、扦插等操作方法基本正确；扦插过程中叶片分布比较均匀、插穗数量与要求相差 3 枝以内并能进行正确而精心的插后管理，插穗成活率 80% 以上、90% 以下。考核等级为 B 3. 配制基质过程、扦插等操作方法基本正确；扦插过程中叶片分布不够均匀、插穗数量与要求相差 3 枝以内而且扦插后管理比较粗放不够精心，成活率 60% 以上、80% 以下。考核等级为 C 4. 配制基质过程、扦插等操作方法有误；扦插过程中叶片分布混乱、插穗数量与要求相差 3 枝以上，扦插后管理粗放不够精心，成活率 60% 以下。考核等级为 D

实训 9 蟹形水仙的雕刻与水养

一、目的

1. 掌握水仙球的挑选办法。
2. 掌握蟹形水仙的雕刻技艺。
3. 掌握刻后水仙球的水养技术。

二、工具及材料

水仙球、雕刻刀、水仙盆、脱脂棉、镊子等。

三、地点

教室。

四、步骤及要求

1. 净化
去除护泥、褐色外皮、枯根、杂质。

2. 划切割线
在水仙芽朝前弯的一面鳞茎，距鳞茎盘 1~1.5cm 划一横切割线至鳞茎两侧中点，由顶端两侧向下作切口与切割线末端相接。

3. 开盖
剥除切割线以内鳞片，露出芽体。

4. 疏除
刻除芽体中间的鳞片。

5. 剥苞
把芽体外白色苞用刀尖挑开至基部。

6. 雕叶
用圆形刀把所有叶削去 1/5~2/5。

7. 雕花莛梗
根据需要刻去花莛不同部位不同大小的一块皮。

8. 刺花心
用解剖针刺伤花莛基部。

9. 雕侧球
根据需要雕刻。

10. 修整
将伤口修削平整。

11. 浸洗
伤口朝下，把鳞茎全部浸入水中 1~2 天，每天用清水冲洗伤口流出的黏液 1~2 次，至基本不留黏液时取出，用脱脂棉盖住伤口和鳞茎盘，放盆内水养。

12. 水养

把水仙伤口面朝上仰置于水仙盆内，周围填充石子固定，先在阴处养护 1~2 天，待叶片转绿，新根发出后放于阳光充足、温度适宜处养护，每天换以清水，待其开花。

五、分析与总结

1. 水仙雕刻是一门艺术。它需要熟练的操作技术、想象力和审美情趣作为基础。水仙雕刻的原理在于通过雕刻对水仙球的鳞片叶、花莛等造成伤口，使之形成愈伤组织的过程中改变了生长速度及方向，从而使水仙植株形成多种多样的形态，以利人们欣赏。

2. 水仙雕刻造型千姿百态，全凭审美情趣和技术以变换和创新。但水仙雕刻是一门需要反复练习的技艺，本次实训的目的在于让学生通过较为常见的蟹形水仙的雕刻方法，掌握水仙雕刻的原理。在水养过程中，需注意观察雕刻后的反应，以更好地理解其方法。

【评分标准】

水仙雕刻与水养评价表见表 10。

表 10　水仙雕刻与水养评价表

考核项目	考核内容要求	考核标准（合格等级）
蟹形水仙雕刻	1. 雕刻的姿势正确 2. 能正确进行蟹形水仙的雕刻，过程中对花芽没有伤害	1. 雕刻时握手姿势正确，雕刻位置正确，正确进行削叶片、刮花梗，在疏隙、剥苞过程中没有损伤到花芽，所有的切口整齐、外观优美。在规定的时间内完成所有雕刻任务。考核等级为 A 2. 雕刻时握手姿势较为正确，雕刻位置正确，较为正确进行削叶片、刮花梗，在疏隙、剥苞过程中没有损伤到花芽，所有的切口较为整齐、外观较为优美。在规定的时间内完成所有雕刻任务。考核等级为 B 3. 雕刻时握手姿势较为正确，雕刻位置正确，较为正确进行削叶片、刮花梗，在疏隙、剥苞过程中损伤到花芽，所有的切口较为整齐、外观较为优美。在规定的时间内完成所有雕刻任务。考核等级为 C 4. 雕刻时握手姿势不正确，雕刻位置错误，削叶片、刮花梗不对，在疏隙、剥苞过程损伤到花芽，切口不整齐、外观不优美。不能在规定的时间内完成所有雕刻任务。考核等级为 D
刻后水仙球水养	1. 能正确进行刻后 24 小时的处理 2. 能给予刻后水仙球的光照、温度等管理	1. 经过水养后能按时开花并且开花质量好，造型达到要求。考核等级为 A 2. 经过水养后基本能按时开花并且开花质量较好，造型比较优美。考核等级为 B 3. 经过水养后基本能按时开花，开花质量一般，造型比较混乱。考核等级为 C 4. 水养期间植株死亡，没有获得成品。考核等级为 D

实训 10 风信子水培

一、目的

掌握风信子水培技术。

二、工具及材料

风信子种球、水培透明瓶、50% 多菌灵可湿性粉剂。

三、地点

教室。

四、步骤及要求

1. 消毒

50% 多菌灵可湿性粉剂配制 1000 倍杀菌剂。

2. 种球处理

风信子种球浸泡于杀菌剂中 30 分钟，捞出晾干，置于培养瓶上培养。

3. 养根

养根期间瓶体最好不见光，鳞茎盘底部距离水面保持 1cm 左右。

4. 养叶、花

水位逐渐下降，保证至少三分之一的根系在水面上，并接受阳光照射。

五、分析与总结

风信子水培主要注意换水时尽量少伤根，长根期间不要见光，以免长青苔影响美观。养护过程中球体可能会出现霉点，需及时刷杀菌剂并晒太阳。

【评分标准】

花卉水培评价表见表 11。

表 11　花卉水培评价表

考核内容要求	考核标准（合格等级）
1. 风信子根系完美 2. 能正常开花	1. 风信子根系完美、正常开花。考核等级为 A 2. 风信子根系一般、球体有少量霉点，正常开花。考核等级为 B 3. 风信子根系稀少、球体霉点多、花序观赏价值较低。考核等级为 C 4. 风信子根系稀少、球体发霉严重，不能正常开花。考核等级为 D